软件测试效率手册

赵振 高杨 李泽 ◎主编

李福鑫 范明勇 解同磊 ◎副主编

人民邮电出版社

北京

图书在版编目（CIP）数据

软件测试效率手册 / 赵振，高杨，李泽主编. -- 北
京：人民邮电出版社，2019.11
ISBN 978-7-115-49911-0

Ⅰ. ①软… Ⅱ. ①赵… ②高… ③李… Ⅲ. ①软件—
测试—手册 Ⅳ. ①TP311.55-62

中国版本图书馆CIP数据核字(2018)第253165号

内 容 提 要

根据现有软件测试理论，想要全面完成一次测试，其过程比较烦琐，并且需要投入大量时间、精力等成本。基于经典的软件测试理论，本书提出一套符合"二八定律"的最佳软件测试实践方法，以指导读者进行测试。所谓"二八定律"，就是花费 20%的时间、精力等成本，可以测试出 80%左右的问题，有助于提升软件质量。

本书拥有大量教学案例，极易上手，并且书中提出的指导思想能够节省测试人员的精力、减少投入成本，让测试人员花较少的时间测出较多的问题，可以基本保证软件系统平稳上线。

本书适合以下几类读者阅读：大学生及想要了解软件测试系列技术的初学者；想快速了解如何使用软件测试理论来保证软件系统质量的项目经理；软件测试从业人员。本书尤其适用于规模较小的公司，可以节省成本，保证软件质量。

◆ 主　编　赵 振 高 杨 李 泽
　 副主编　李福鑫 范明勇 解同磊
　 责任编辑　吴晋瑜
　 责任印制　焦志炜
◆ 人民邮电出版社出版发行　北京市丰台区成寿寺路 11 号
　 邮编　100164　电子邮件　315@ptpress.com.cn
　 网址　http://www.ptpress.com.cn
　 北京鑫正大印刷有限公司印刷
◆ 开本：800×1000　1/16
　 印张：13.5
　 字数：288 千字　　　　　　　　　2019 年 11 月第 1 版
　 印数：1 – 2 000 册　　　　　　　2019 年 11 月北京第 1 次印刷

定价：49.00 元

读者服务热线：(010)81055410　印装质量热线：(010)81055316
反盗版热线：(010)81055315
广告经营许可证：京东工商广登字 20170147 号

作为软件项目过程中的重要环节，软件测试是对软件质量把控的最重要的一环，也是必不可少的一环。由于其复杂性、重要性，软件测试不仅在工程应用领域非常重要，同时也是学术界研究的热点方向。

从一定程度上来说，软件测试的难度、重要性和实际意义比软件设计与编程更重要。因为有一定编程经验的程序员编写程序代码以实现合同规定的需求是比较容易的，但程序员写完代码后，对代码质量如何、能否作为成品交付、还有没有问题等却一无所知。没有通过测试的软件系统绝对不能交给用户，因为可能会漏洞百出，使软件公司的专业形象一落千丈，并将大大影响客户使用的效果和体验，甚至会带来安全、经济等方面的危害与损失。

这时我们能做的，只有对软件进行测试：测出一个问题来，修改、优化这个问题；再测，再改进。也就是说，软件系统设计实现后，软件项目的推进就只能依靠软件测试了。如果软件测试环节起不到应有作用，软件项目就会停滞。如果交付未经较完备测试的软件，将直接影响软件质量。

软件测试非常烦琐，稍有不慎就会漏测，导致软件功能测试不完整，上线后出现问题。按照现有软件测试理论的指导，想要全面完成测试，需要投入大量时间。

为此，本书特总结出一套基于"二八定律"的方法论，来指导测试人员进行测试。这里所说的"二八定律"，是指花 20% 的时间和成本，可以测出 80% 的问题，基本保证软件质量合格上线。

适用读者

以下 4 类读者可能会对本书感兴趣。

- 大学生及想要了解软件测试系列技术的初学者。本书采用了案例教学，容易理解。此外，本书总结的根据"二八定律"进行软件测试的指导思想，是基于软件测试理论的最佳实践总结的，简单实用。

- 软件团队的项目经理，以及想要迅速了解如何使用软件测试理论保证软件系统质量的读者。

- 软件测试工作从业人员。

- 小、微型软件公司的软件从业人员。由于公司规模较小，为了节省成本，公司既没有独立组建软件测试队伍，也没有设立软件测试职位。在这些公司中，软件工程师兼具了软件测试的职责。学习本书提出的指导思想能够帮助这些公司节省精力，减少投入成本，花较少时间测出较多问题，基本保证软件系统的平稳上线。

各章内容

第 1 章，对白盒测试的概念，白盒测试中单元测试的定义、方法和现状，以及集成测试的定义、方法和现状进行了介绍。

第 2 章，对单元测试中的测试方法进行讲解，提出以"二八定律"为核心的单元测试指导思想，并在该单元测试思想的指导下设计测试用例。

第 3 章，对单元测试框架 JUnit 的安装、使用进行了讲解，并使用 JUnit 对第 2 章设计的测试用例进行测试。

第 4 章，对常用集成测试方法做了介绍和总结，在此基础上提出了风险模块优先、自底向上顺序集成的高效测试方法。

第 5 章，对 Mock 的概念、使用方法进行了讲解，并基于第 4 章提出的集成测试指导思想，使用 Mock 方法对案例进行了测试。

第 6 章，对功能测试方法和以往的功能测试指导思想进行了讲解，在此基础上提出了基于"二八定律"的功能测试指导思想，并基于该指导思想设计了贯穿案例的功能测试用例。

第 7 章，对自动化测试工具 QTP 的安装、配置和使用进行了讲解，并基于第 6 章中提出的指导思想使用自动化测试工具 QTP 对贯穿项目进行了测试。

第 8 章，对性能测试的概念、分类、应用场景，以及常见的术语进行了说明和阐述，并列举了开源的性能测试工具的发展与优势。

第 9 章和第 10 章，在第 8 章的基础上，对性能测试工具 JMeter 的安装、使用进行了讲解。

第 11 章，对 Web 页面测试的概念、标准，以及自动化测试工具 Selenium 的安装、使用进行了讲解。

第 12 章，对软件测试管理、测试需求管理、测试文档管理，以及测试缺陷管理进行了讲解。

第 13 章，对目前国内市场上比较主流的软件测试管理工具进行了介绍，并对第 14 章中案例所用的 TestLink 和 Mantis 两款软件测试管理工具的优越性进行了分析。

第 14 章，结合贯穿案例对 TestLink 和 Mantis 两款软件测试管理工具的安装、配置、使用、测试管理过程进行了讲解。

资源与支持

本书由异步社区出品，社区（https://www.epubit.com/）为您提供相关资源和后续服务。

提交勘误

作者和编辑尽最大努力来确保书中内容的准确性，但难免会存在疏漏。欢迎您将发现的问题反馈给我们，帮助我们提升图书的质量。

当您发现错误时，请登录异步社区，按书名搜索，进入本书页面，点击"提交勘误"，输入勘误信息，单击"提交"按钮即可。本书的作者和编辑会对您提交的勘误进行审核，确认并接受后，将赠予您异步社区的 100 积分（积分可用于在异步社区兑换优惠券、样书或奖品）。

扫码关注本书

扫描下方二维码，您将会在异步社区微信服务号中看到本书信息及相关的服务提示。

与我们联系

我们的联系邮箱是 contact@epubit.com.cn。

如果您对本书有任何疑问或建议，请发邮件给我们，并在邮件标题中注明本书书名，以便我们更高效地做出反馈。

如果您有兴趣出版图书、录制教学视频，或者参与图书翻译、技术审校等工作，可以发邮件给我们；有意出版图书的作者也可以到异步社区在线提交投稿（直接访问 www.epubit.com/selfpublish/submission 即可）。

如果您来自学校、培训机构或企业，想批量购买本书或异步社区出版的其他图书，也可以发邮件给我们。

如果您在网上发现有针对异步社区出品图书的各种形式的盗版行为，包括对图书全部或部分内容的非授权传播，请您将怀疑有侵权行为的链接发邮件给我们。您的这一举动是对作者权益的保护，也是我们持续为您提供有价值的内容的动力之源。

关于异步社区和异步图书

"异步社区"是人民邮电出版社旗下 IT 专业图书社区，致力于出版精品 IT 技术图书和相关学习产品，为作译者提供优质出版服务。异步社区创办于 2015 年 8 月，提供大量精品 IT 技术图书和电子书，以及高品质技术文章和视频课程。更多详情请访问异步社区官网 https://www.epubit.com。

"异步图书"是由异步社区编辑团队策划出版的精品 IT 专业图书的品牌，依托于人民邮电出版社近 30 年的计算机图书出版积累和专业编辑团队，相关图书在封面上印有异步图书的 LOGO。异步图书的出版领域包括软件开发、大数据、AI、测试、前端、网络技术等。

异步社区

微信服务号

目 录

CONTENTS

白盒测试基础知识

1

白盒测试是软件测试中非常重要的一部分，本章将介绍白盒测试的概念，进而对白盒测试中的单元测试和集成测试作初步的介绍。

1.1　白盒测试简介

1.1.1　白盒测试的定义

白盒测试是代码层面的测试。"白盒"指的是把被测试的代码看作一个打开的盒子，要求测试人员对被测试代码的内部逻辑非常熟悉，因此，进行白盒测试一般以软件开发人员为主。白盒测试要求测试人员根据被测试代码的流程图编写测试用例，对被测试代码中重要的业务逻辑进行测试，验证业务逻辑中的分支条件是否得到满足、执行路径是否按预定的要求正确工作。

1.1.2　与黑盒测试的区别

与白盒测试相对的是黑盒测试。黑盒测试是在不考虑程序内部逻辑的情况下，检查程序的功能是否按照需求规格说明书的规定正常使用。与黑盒测试相比，白盒测试具有以下两个优点。

（1）白盒测试在代码层面对程序中重要的业务逻辑的分支条件、执行路径进行细致的检查，不仅要保证程序能干什么，还要保证程序不能干什么，以提高程序的健壮性和稳定性。

（2）白盒测试要求开发人员绘制程序的流程图，帮助开发人员发现业务逻辑中的瑕疵与错误，修改和优化业务逻辑中不合理的部分，促使开发人员编写高质量的代码。

与黑盒测试相比，白盒测试还具有以下两种局限性。

（1）白盒测试是代码层面的测试，不对需求规格说明书等文档进行检验，不能检查出被测试代码遗漏的功能。例如，按照需求规格说明书程序要实现四个功能，但在实际开发时程序只实现了两个功能，那么进行白盒测试时，只能对已经实现的两个功能进行测试，不能测试出该代码是否按照规格说明书的要求实现了四个功能。

（2）盲目的白盒测试性价比不高。在没有好的指导思想引领的情况下，只能根据测试人员的测试经验进行白盒测试，会导致测试人员漫无目的地编写大量测试用例，导致费时费力且测试效果不明显。

1.2　白盒测试的分类

根据测试粒度的大小，可将白盒测试分为单元测试和集成测试，其中集成测试的粒度大于单元测试。本节将对单元测试和集成测试的定义、测试方法及现状进行概要介绍。

1.2.1 单元测试

1. 单元测试的定义

单元测试是指对软件中最小的可测单元进行测试，最小的可测单元可以是一个方法，可以是一个函数，也可以是包含多个函数的一个功能，单元的划分要根据程序具体的情况确定。一般情况下，单元测试由开发人员完成，与非开发人员相比，开发人员对代码的内部逻辑结构更加了解，对测试单元的划分更加明确，能够更有针对性地进行单元测试。由于集成测试的粒度大于单元测试，在一般情况下，我们先进行单元测试再进行集成测试，因此，单元测试与集成测试相比，能够较早地发现软件的缺陷且可以比较精确地确定出程序出现缺陷的范围。

2. 单元测试中的方法

单元测试中的方法有代码走查法、插桩法和逻辑覆盖法。

（1）代码走查法

代码走查是单元测试的第一步，通过人工静态检查的方式，保证代码逻辑的正确性、项目的规范性。

（2）插桩法

插桩法是一种被广泛应用的测试方法，通过向程序中插入打印语句或设置断点的方式来获取程序的动态信息。通过插桩法，我们既能检验测试的结果，又能借助打印的信息掌握程序的运行状态。

（3）逻辑覆盖法

逻辑覆盖法是以程序内部的逻辑结构为基础来设计测试用例的方法，即根据程序的顺序、分支和循环 3 种基本结构的特性设计测试用例。在逻辑覆盖法中，又包含语句覆盖、判定覆盖、条件覆盖、判定 / 条件覆盖、条件组合覆盖和路径覆盖等 6 种覆盖测试方法。

3. 单元测试的现状

单元测试的测试用例设计要求保证测试时程序的所有语句至少执行一次，而且要检查所有逻辑条件，因此导致许多开发人员认为单元测试费时费力并且测试效果不明显。现阶段，由于开发人员不了解单元测试的重要性，或缺少高效的指导思想引领测试人员编写测试用例，许多开发人员都不进行单元测试，这是当前单元测试的现状。因此，找到高效的单元测试指导思想，能使开发人员在短时间内测试较少的代码并得到最佳测试效果，对提高单元测试在开发人员心中的认可度是非常有必要的。在第 2 章中，我们将提出事半功倍的单元测试指导思想。

1.2.2 集成测试

1．集成测试的定义

集成测试，也叫组装测试，是指在单元测试的基础上，将所有模块按照设计要求组装成为子系统或整体系统来进行测试活动。用单独类调试系统时无法发现的问题，在把模块组装成子系统或整体系统后很可能展现出来，这会影响系统功能的运转，进而影响产品交付时间。因此，单元测试完成后，有必要进行各个类之间的集成测试，发现并排除在调用类的过程中可能发生的问题，最终完善整个系统，成功交付产品。

2．集成测试的方法

针对传统软件的集成测试主要有非增量式集成和增量式集成两种方法，其中增量式集成测试还分为自顶向下和自底向上两种集成策略。其他常用的集成测试策略还有"三明治"集成、基于风险的集成和基于功能的集成等。

对于 Web 系统的集成测试方法主要有基于线程的测试和基于使用的测试，测试过程中主要用到静态测试和动态测试两种方案。

集成测试在白盒测试中主要用到的技术是 Mock，有关 Mock 的知识将在本书第 5 章中介绍。

3．集成测试的现状

随着软件行业的发展以及智能 PC 的兴起，越来越多的 Web 系统和 PC 端软件被开发出来，其质量上的一些问题也逐渐暴露出来，影响软件的验收和用户的体验。由此可以看出软件测试对于保证软件质量具有多么重要的意义。但是我国软件行业仍处于发展的初期阶段，我国大部分的软件企业仍然存在着重开发、轻测试、单一追求实现功能需求的现象，这给软件质量的保证和软件行业的发展带来了极大的风险和极为不利的影响。调研结果显示，我国软件企业未设置独立测试部门的比重大约为 50%，软件测试人员与软件开发人员的比例在 1:5 左右，这与美国与印度 1:1 的比例相差甚远，软件测试行业存在严重缺陷。

在软件测试的周期中，集成测试在单元测试之后，大约占整个软件开发周期的 25%，而通过各家软件公司开发实践证明，集成测试进行的好坏将直接影响软件的质量。一些软件总是出现故障，就是因为集成测试不过关甚至未进行，由此可见集成测试在软件开发中的重要地位。

所有的软件项目都不能摆脱系统集成这个阶段。不管采用什么开发模式，具体的开发工作总得从一个个软件单元做起，软件单元只有经过集成才能形成一个有机的整体。具体的集成过程可能是显性的，也可能是隐性的。只要有集成，就会出现一些常见的问题，工程实践中，几乎不存在软件单元组装过程中不出任何问题的情况。因此，一个软件项目的开发过程离不开集成测试。

单元测试

单元测试是白盒测试中的重要部分。本章将详细介绍单元测试的测试方法，分析以往的单元测试方法中存在的弊端，提出以"二八定律"为核心的、事半功倍的单元测试指导思想，并在该单元测试指导思想的指导下设计测试用例。

2.1 已有的单元测试方法简介

2.1.1 代码走查法

代码走查是单元测试的第一步，此阶段的工作主要是检查代码的逻辑正确性、代码和设计的一致性、代码对标准的遵循、代码的可读性和代码结构的合理性等方面。

代码走查主要对以下几方面进行检查。

（1）检查代码的逻辑正确性。确定代码中业务逻辑是否与设计方案保持一致，重点检查分支、循环等结构。

（2）检查输入参数有没有进行正确性检查，确定输入参数是否需要进行正确性检查，重点检查敏感参数以及可能为空或 null 的参数。

（3）检查异常处理。检查代码中能预见出错的条件是否设置了异常处理，以便程序一旦出错能够处理错误，保证程序的正常运行，增强程序的健壮性。

（4）检查表达式、SQL 语句的正确性。检查、验证程序中的 SQL 语法是否正确，能否实现预定的功能。对于容易产生歧义的表达式或运算符优先级（如 <、=、>、&&、||、++ 和 -- 等）重点进行检查，确保表达式无二义性。

2.1.2 插桩法

在单元测试过程中，我们往往需要知道程序动态运行的状态以及一些中间变量等动态信息。为了获取这些我们最关心的动态信息，需要在代码中插入打印语句或通过开发工具打断点的方式来获取这些信息。

设计插桩测试用例时需要注意以下两个问题。

（1）获取哪些信息。对于获取哪些信息，需要具体问题具体分析，一般情况下会获取中间变量的值、表达式运算结果、程序的执行路径等信息。

（2）在被测试代码的什么部位插入打印语句或通过开发工具打断点：

- 在 for、whlie、do-while 等循环结构中，用于获取循环判断条件、循环结束时的变量值；

- 在 if、else、else if 等分支结构中，用于获取程序的执行路径；

- 在赋值语句、表达式、调用子函数之后，用于获取赋值语句的返回值、表达式的返回值、子函数的返回值；

- 在被调用子函数的第一个语句之前，用于验证被调用的子函数是否执行。

2.1.3 逻辑覆盖法

逻辑覆盖测试是通过对程序逻辑结构的遍历实现程序的覆盖。根据覆盖被测试代码的不同程度，可以将其分为以下 6 种覆盖方法：语句覆盖、判定覆盖、条件覆盖、判定 / 条件覆盖、条件组合覆盖和路径覆盖。下面将结合具体的案例详细介绍这 6 种覆盖方法。

具体案例如下。

```
public class TestDemo {

    //定义a,b,x变量
    private int a;
    private int b;
    private int x;

    //构造函数
    public TestDemo(inta, intb, intx){
    this.a= a;
    this.b= b;
    this.x= x;
        }

    //测试函数
    public intdemo1(){
    if(a>1 &&b==0){
    x = x/a;
        }
    if(a == 2 || x>1){
    x = x+1;
        }
    return x;
        }
    }
```

该案例所对应的流程如图 2-1 所示。

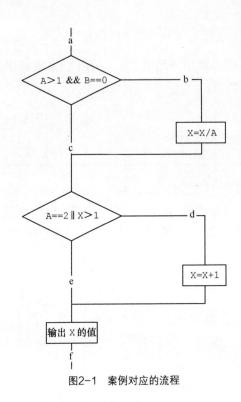

图2-1 案例对应的流程

1. 语句覆盖

主要特点：语句覆盖要求设计足够多的测试用例，使得程序中每条语句至少执行一次。

用例设计如下。

序号	A	B	X	路径
1	2	0	3	abdf

优点：可以很直观地从程序源码中得到测试用例，无须细分每个条件判定。

缺点：从上例可以看出，语句覆盖实际上是很弱的。

（1）如果第一个条件语句中的"&&"被误写成"||"，那么上面的测试用例是无法发现这个错误的。

（2）又如第三个条件语句中"X > 1"被误写成"X > 0"，上面的测试用例也无法发现这个错误。

2. 判定覆盖

主要特点：判定覆盖要求设计足够多的测试用例，使得程序中每个判定的真假分支至少执行一次。

用例设计如下。

序号	A	B	X	路径
1	3	0	1	abef
2	2	1	3	acdf

优点：判定覆盖使每个分支都执行过了，那么每个语句也就执行过了，因此判定覆盖的测试能力强于语句覆盖。

缺点：判定覆盖的测试能力还是不够强。大部分的判定语句是由多个逻辑条件组合而成的，如果仅仅判断这个判定的结果而忽略各个判定中每个条件的取值情况，一定会遗漏部分路径。

3．条件覆盖

主要特点：条件覆盖要求设计足够多的测试用例，使得每个判定中的每个条件获得各种可能的结果，即每个条件至少有一次为真值，有一次为假值。

用例设计如下。

序号	A	B	X	路径
1	2	1	4	abdf
2	1	0	1	acef

优点：条件覆盖保证了每个判定中的每一个条件都得到了两个不同的结果，而判定覆盖则不保证这一点，因此条件覆盖的测试能力强于判定覆盖。

缺点：要达到条件覆盖要求设计足够多的测试用例，但是条件覆盖不能保证包含判定覆盖，例如上文中的两个测试用例都没有覆盖判定（A>1 &&B==0）为真的情况。

4．判定/条件覆盖

主要特点：判定/条件覆盖要求设计足够多的测试用例，使得每个判定中每个条件的所有可能结果至少出现一次，每个判定本身的所有可能结果也至少出现一次。

用例设计如下。

序号	A	B	X	路径
1	2	0	4	abdf
2	1	1	1	acef

优点：判定/条件覆盖既满足判定覆盖标准，又满足条件覆盖标准，弥补了二者的不足。

9

缺点：从表面上看判定 / 条件覆盖测试了所有条件的取值，但是采用判定 / 条件覆盖不一定能测试出逻辑表达式中的错误。

（1）对于第一个表达式（A>1 && B==0），如果 A>1 为假，那么编译器认为表达式的结果为假，这时不再检查 B==0 条件是否成立。

（2）对于第二个表达式（A=2 || X>1），如果 A=2 为真，那么编译器认为表达式的结果为真，这时不再检查 X>1 条件是否成立。

5. 条件组合覆盖

主要特点：条件组合覆盖要求设计足够多的测试用例，使得每个判定中条件结果的所有可能组合至少出现一次。

用例设计：我们要选择适当的测试用例，使得以下 8 种条件组合能够出现。

a. A>1, B=0　　b. A>1, B ≠ 0　　c. A ≤ 1, B=0　　d. A ≤ 1, B ≠ 0

e. A=2, X>1　　f. A=2, X ≤ 1　　g. A ≠ 2, X>1　　h. A ≠ 2, X ≤ 1

序号	A	B	X	条件组合	路径
1	2	0	4	a,e	abdf
2	2	1	1	b,f	acef
3	1	0	2	c,g	acdf
4	1	1	1	d,h	acef

优点：条件组合覆盖满足了判定覆盖、条件覆盖和判定 / 条件覆盖标准。

缺点：条件组合覆盖并不能覆盖每一条路径，例如上文中的测试用例就没有覆盖 abef 路径；另外，条件组合覆盖线性地增加了测试用例的数量。

6. 路径覆盖

主要特点：路径覆盖要求设计足够多的测试用例，以覆盖程序中所有可能的路径。

用例设计如下。

序号	A	B	X	条件组合	路径
1	2	0	4	a,e	abdf
2	2	1	1	b,f	acef
3	1	0	2	c,g	acdf
4	1	1	1	d,h	acef

优点：路径覆盖可以对程序进行比较彻底的测试，比语句覆盖、判定覆盖、条件覆盖、判定 / 条件覆盖和条件组合覆盖等 5 种覆盖测试的测试能力都强。

缺点：由于路径覆盖需要对所有可能的路径都进行测试，因此需要设计大量的测试用例，这使得设计测试用例的工作量呈指数级增长。

2.2　以往单元测试方法的弊端

以往的单元测试的指导思想如下。

（1）保证一个模块中的所有独立路径至少被使用一次。

（2）对所有逻辑值均需测试 true 和 false。

（3）在上下边界及可操作范围内运行所有循环。

（4）检查内部数据结构以确保其有效性。

毫无疑问，上述指导思想对于测试业务逻辑简单的程序是可行的，而在实际开发中，被测试代码的业务逻辑一般比较复杂，测试人员不可能穷举所有路径，也不能测试所有逻辑值以及所有循环，因此以上单元测试指导思想在实际的单元测试中是不可行的，它仅仅指定了一个理想的测试目标，并没有提出切实可行、能够达到该测试目标的测试方案。

因此，非常迫切需要一套切实可行、花费测试人员最少的精力得到最好的测试效果的测试方案。我们以"二八定律"为目标，提出了更加简单高效的单元测试指导思想。

2.3　以"二八定律"为目标的单元测试指导思想

为了解决以往的单元测试指导思想不切实际的问题，我们提出了以"二八定律"为目标的单元测试指导思想。在该指导思想的指导下进行测试，能够达到花费 20% 的精力测出 80% 问题的目标。该指导思想的具体内容如下。

（1）单元测试应由开发人员完成，因为开发人员比其他非开发人员更加清楚被测试代码的业务逻辑，知道测试的重点应该放在哪个部分，知道怎样测试效率较高。

（2）只有当开发人员认为自己开发的代码已经实现了预期的功能并且能够正常运行时，方可进行单元测试。单元测试不宜开始过早，开始过早会导致将调试阶段的问题堆积到测试阶段解决，降低了单元测试的效率。

（3）能够使用黑盒测试通过审核的就不要用单元测试。单元测试尽量只用于核心功能和逻辑较复杂的代码测试，以 Java Web 项目为例，像与页面显示相关的 HTML 和 JSP、逻辑功能简单的 DAO 层等，这些功能单元一般不需要进行单元测试，只需进行黑盒测试即可。

（4）测试方法一般以判定覆盖、条件覆盖、判定 / 条件覆盖为主，条件组合覆盖和路径覆盖这两种测试方法由于设计测试用例的工作量较大，一般情况下不会被选用。

- 如果测试代码中的每个判定只有一个条件，一般情况下，选用判定覆盖即可。

- 如果测试代码中的每个判定含有多个条件，但是其中没有 "&&" 与 "||" 同时出现、只有 "&&" 或 "||" 连接多个条件，一般情况下，如果条件个数不多，那么选用条件组合覆盖，如果条件个数很多，那么选用判定 / 条件覆盖。

- 如果测试代码中的判定含有多个条件，并且条件之间既有 "&&" 又有 "||"，一般情况下，选用判定 / 条件覆盖。

上述单元测试的指导思想只对大多数的项目具有指导意义，并不适合所有项目，读者在进行实践时要注意结合项目的具体情况进行取舍。

2.4 基于"二八定律"的单元测试指导思想的最佳实践

2.4.1 测试步骤

单元测试指导思想对高效地进行单元测试具有重要指导意义，是对如何进行单元测试的高度概括。要进行具体的测试，我们还要设计具体的测试步骤。基于单元测试指导思想的测试步骤如下。

（1）画出业务逻辑流程图。

（2）根据代码的具体情况，结合单元测试的指导思想选定覆盖测试方法。

（3）根据选定的覆盖测试方法，结合业务流程选取测试数据并设计测试用例。

（4）在 JUnit 下使用参数化测试和断言对代码进行测试。

2.4.2 单元测试案例简介

本节将在单元测试指导思想的基础上，对本书开篇介绍的系统进行单元测试。根据单元测试的指导思想，我们需要对代码中的核心功能（即查询）进行测试。

查询功能是根据表单（form）提交的起始日期（startTime）、终止日期（endTime）、

SIM 卡号（gprsNum）、一 维 码（one_dimensional_Code）、产 品 型 号（PRODUCT_TYPE）等查询条件的组合情况去 MongoDB 数据库中查询出符合条件的数据并在页面上显示，如图 2-2 所示。其中，查询条件共有 5 种组合情况。

图2-2　查询页面

（1）查询条件都为空，查询出所有数据并在页面上显示。

（2）SIM 卡号和起始日期、终止日期不为空，查询出符合这 3 个条件的数据并在页面上显示。

（3）一维码和起始日期、终止日期不为空，查询出符合这 3 个条件的数据并在页面上显示。

（4）产品型号不为空，查询出符合该条件的数据并在页面上显示。

（5）起始日期和终止日期不为空，其他条件均为空，查询出符合该条件的数据并在页面上显示。

2.4.3　测试用例

本节将对上文中介绍的查询功能进行单元测试，重点介绍测试用例的设计流程。下面将根据单元测试的步骤设计该查询功能的测试用例。

1. 画出查询功能的业务逻辑流程图

为了方便后边的逻辑覆盖测试，理顺程序的流程，我们需要先画出被测试代码的业务逻辑流程图。查询功能的业务逻辑流程如图 2-3 所示。

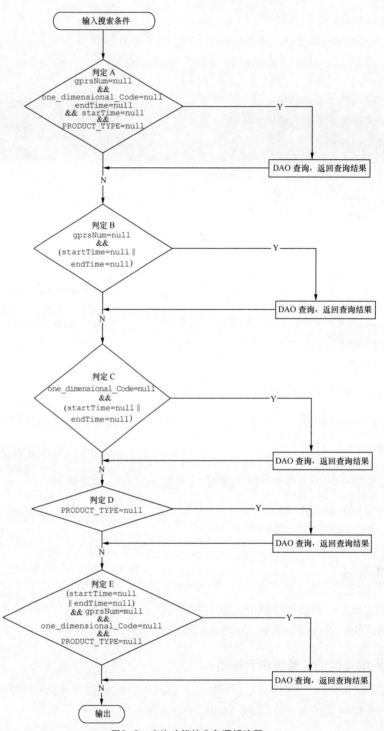

图2-3 查询功能的业务逻辑流程

2. 根据查询功能的业务逻辑，结合单元测试的指导思想选定覆盖测试方法

查询功能的每个判定的条件为多个，在 5 个判定中，判定 B、判定 C 和判定 E 中既有"&&"又有"||"，因此根据单元测试的指导思想，选用判定 / 条件覆盖测试方法进行单元测试。

3. 根据选定的判定/条件覆盖测试方法，结合查询功能的流程设计测试用例

具体的测试用例如表 2-1 所示。

表 2-1 测试用例

序号	gprsNum	one_dimensional_Code	PRODUCT_TYPE	startTime	endTime	判定状态
1	null	null	null	null	null	判定 A 成立
2	1342375492312312312	null	null	2016-08-10 00:00:00	null	判定 A 不成立，判定 B 成立
3	null	123380200000559V0000111	PRODUCT_data	2016-08-10 00:00:00	2016-08-11 00:00:00	判定 A 不成立，判定 B 不成立，判定 C 成立
4	null	null	PRODUCT_data	null	null	判定 A 不成立，判定 B 不成立，判定 C 不成立，判定 D 成立
5	null	null	null	2016-08-10 00:00:00	2016-08-11 00:00:00	判定 A 不成立，判定 B 不成立，判定 C 不成立，判定 D 不成立，判定 E 成立
6	1342375492312312312	123380200000559V0000111	PRODUCT_data	null	null	判定 A 不成立，判定 B 不成立，判定 C 不成立，判定 D 不成立，判定 E 不成立

单元测试框架JUnit

3

　　JUnit 是一个 Java 单元测试框架，用于编写和运行可重复测试。JUnit 提供注释来识别测试方法，提供断言来测试预期结果，可以进行参数化测试、超时测试和异常测试。本章将介绍 JUnit 的安装以及使用方法，并使用 JUnit 对第 2 章章尾的测试用例进行测试。

3.1　JUnit的安装和使用

　　JUnit 的安装非常简单，只需要将 JUnit 的 JAR 文件添加到项目的类路径下即可。下面以 MyEclipse 为例演示 JUnit 的安装步骤。

　　（1）从 Maven Repository 网站上下载 JUnit 的 JAR 文件（如图 3-1 所示）。本次演示下载的是 JUnit 4.9 版本。

图3-1　下载JUnit 4.9 版本的JAR文件

　　（2）将下载好的 JUnit 4.9 版本的 JAR 文件复制到项目的 lib 文件中（如图 3-2 所示），并将该 JAR 文件添加到类路径中（如图 3-3 所示）。

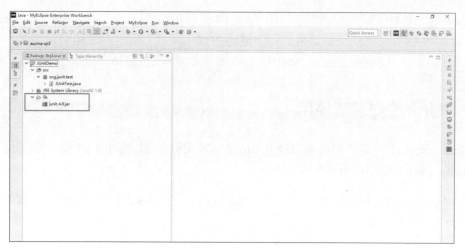

图3-2　将JUnit 4.9版本的JAR文件复制到项目的lib文件中

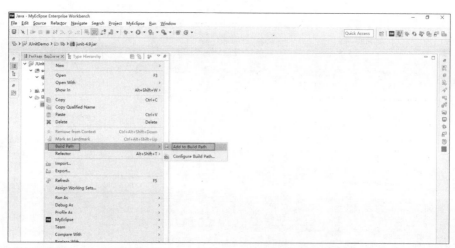

图3-3　将JUnit 4.9版本的JAR文件添加到类路径中

　　下面介绍 JUnit 的基本使用。首先介绍一个模拟计算器的类 Calcuator，为了方便演示，我们只提供了计算两个数之和的功能，代码如下。

```
public class Calcuator {

    /**
     * 求和：计算两个数的和
     * @param d1
     * @param d2
     * @return
     */
    public int add(int d1, int d2){
```

```
            return d1+d2;
        }
    }
```

Calcuator 的 add(double, double) 方法能够接收两个 double 类型的数据并且以 double 类型返回这两个数据的和。下面定义一个测试类 TestCalcuator，其中包含一个 testAdd() 方法——通过该方法对 Calcuator 的 add(double, double) 方法进行测试。

使用 JUnit 测试时，对定义的测试类有如下要求。

（1）测试类必须是公共的并且包含一个无参数的构造器，如果不定义其他含参数的构造器，那么也无须显式地定义无参数的构造器。

（2）创建的测试方法必须用 @Test 注解注释，并且是公共的、不带任何形参的且返回 void 类型。

（3）为了进行验证测试，需要使用 JUnit 提供的 Assert 类提供的 assert 方法。表 3-1 列出了 JUnit 常用的断言方法。

表 3-1　JUnit 常用的断言方法

断言	功能描述
void assertEquals([String message], expected value, actual value)	断言两个值相等
void assertTrue([String message], boolean condition)	断言一个条件为真
void assertFalse([String message],boolean condition)	断言一个条件为假
void assertNotNull([String message], java.lang.Object object)	断言一个对象不为空
void assertNull([String message], java.lang.Object object)	断言一个对象为空
void assertSame([String message], java.lang.Object expected, java.lang.Object actual)	断言两个对象引用相同的对象
void assertNotSame([String message], java.lang.Object unexpected, java.lang.Object actual)	断言两个对象不引用相同的对象
void assertArrayEquals([String message], expectedArray, resultArray)	断言预期数组和结果数组相等

TestCalcuator 测试类如下：

```
import static org.junit.Assert.*;
import org.junit.Test;

public class TestCalcuator {
    @Test
    public void testAdd() {
    //初始化计算器类
    Calcuator calcuator = new Calcuator();
```

```
//调用加法方法
int result = calcuator.add(1, 2);

//断言
assertEquals(3, result);
}
}
```

将光标移到要运行的测试方法 testAdd() 上，右键选择"Run As"，选择"1 JUnit Test"运行测试，如图 3-4 所示。

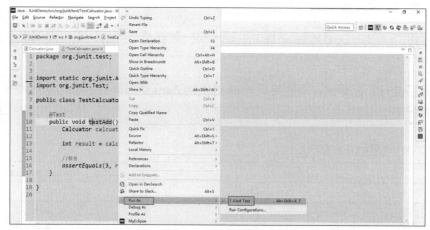

图3-4　运行JUnit测试

通过 JUnit 测试的运行结果如图 3-5 所示。

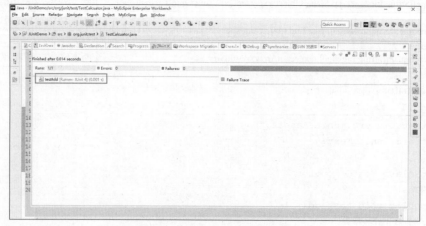

图3-5　通过JUnit测试的运行结果

将断言改为 assertEquals(1, result) 后，未通过 JUnit 测试的运行结果如图 3-6 所示。

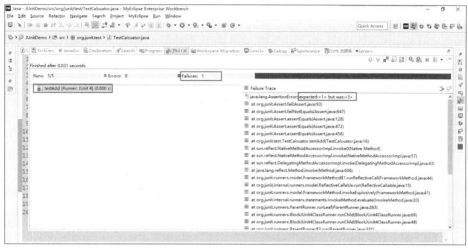

图3-6 未通过JUnit测试的运行结果

3.2 JUnit关键技术讲解

3.2.1 注解的使用

JUnit 中的注解及其功能如表 3-2 所示。

表 3-2 JUnit 中的注解及其功能

注解	功能描述
@Test public void method()	该注解所注释的方法是一个测试方法
@Before public void method()	该注解所注释的方法在 @Test 之前执行，用来为测试初始化一些数据
@BeforeClass public static void method()	该注解所注释的方法必须用 static 修饰，执行时间早于 @Before，用于为测试初始化一些共享变量
@After public void method()	该注解所注释的方法在 @Test 之后执行，用于清除或重置一些数据
@AfterClass public static void method()	该注解所注释的方法必须用 static 修饰，执行时间晚于 @After，用于清理共享变量
@Ignore public static void method()	该注解所注释的方法将不被执行

21

下面通过一个测试类来验证上文中的注解。

```
import static org.junit.Assert.*;
import org.junit.After;
import org.junit.AfterClass;
import org.junit.Before;
import org.junit.BeforeClass;
import org.junit.Test;

public class JUnitTest {

    Calcuator cal;
    static int sum;

    @BeforeClass
    public static void setUpBeforeClass() {
    sum = 0;
    System.out.println( "@BeforeClass" );
    }

    @AfterClass
    public static void tearDownAfterClass() {
    System.out.println( "@AfterClass" );
    }

    @Before
    public void setUp() {
    cal = new Calcuator();
    System.out.println( "@Before" );
    }

    @After
    public void tearDown() {
    cal = null;
    System.out.println( "@After" );
    }

    @Test
    public void testAdd() {
    sum = cal.add(2, 3);
    assertEquals(5, sum);
    System.out.println( "@Test" );
    }
}
```

JUnit 注解测试结果如图 3-7 所示。

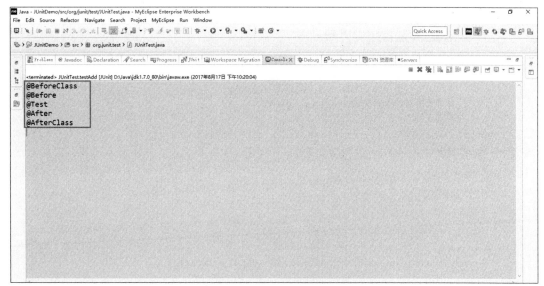

图3-7 JUnit注解测试结果

3.2.2 参数化测试

参数化测试可以实现使用多组数据多次运行同一个测试，例如我们可以通过参数化测试一次设置多对数据，对 3.1 节中的 add(int, int) 方法进行测试。下面就以测试 add(int, int) 方法为例讲解参数化测试的用法。

```
import static org.junit.Assert.*;
import java.util.Arrays;
import java.util.Collection;
import org.junit.Test;
import org.junit.runner.RunWith;
import org.junit.runners.Parameterized;
import org.junit.runners.Parameterized.Parameters;

@RunWith(value = Parameterized.class)
public class ParameterizedTest {

    // 1.定义3个变量：期望、加数1、加数2
    private int expected;
    private int data1;
    private int data2;
```

```
// 2.定义构造，为上面中的3个变量赋值
public ParameterizedTest(int expected, int data1, int data2) {
super();
this.expected = expected;
this.data1 = data1;
this.data2 = data2;
}

// 3.设置多组测试数据
@Parameters
public static Collection<Integer[]> getTestParameters() {
return Arrays.asList(new Integer[][] { { 2, 1, 1 }, { 3, 2, 1 }, { 5, 2, 3 }, { 20, 10, 10 } });
}

//4.测试方法
@Test
public void testAdd(){
Calcuator calcuator = new Calcuator();
assertEquals(expected, calcuator.add(data1, data2));
}
}
```

参数化测试运行结果如图 3-8 所示，可以看到，共进行了 5 组测试，测试均通过。

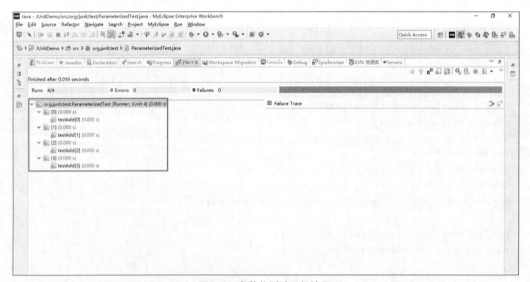

图3-8 参数化测试运行结果

使用参数化测试需要满足以下要求。

（1）测试类必须使用 @RunWith(Parameterized.class) 注解。

（2）提供一个构造函数，用于存储测试数据与断言。

（3）提供一个静态方法，该方法使用 @Parameters 注解，并且签名必须是 public static java.util.Collection，无任何形参，Collection 元素必须是相同长度的数组且数组的长度要和构造函数中的参数的数量一致。

3.2.3　超时测试

超时测试用于测试一个单元运行时间是否超过设定的时间，如果超过设定时间，那么测试将终止并标记为失败。要使用超时测试，只需在 @Test 中添加一个 timeout 参数指定超时时间（单位为毫秒）。下文中的代码展示了如何使用超时测试。

```java
import org.junit.Test;

public class TimeOutTest {

    //指定超时时间，单位为毫秒
    @Test(timeout=2000)
    public void testTimeOut(){
        while(true);
    }
}
```

JUnit 超时测试运行结果如图 3-9 所示。

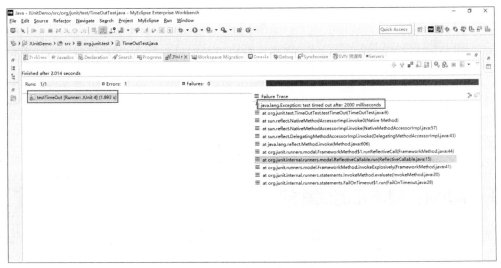

图3-9　JUnit超时测试运行结果

3.2.4　异常测试

单元测试中测试程序对异常情况的处理能力也很重要，要确保发生异常时程序能够做出正确的处理。要在 JUnit 中实现异常测试，只需在 @Test 注解中添加 expected 参数，该参数用来指定抛出异常的类型。下面的代码展示了对 ArithmeticException 异常的测试。

```java
import org.junit.Test;
public class TestException {

    @Test(expected = ArithmeticException.class)
    public void divisionWithException() {
      int i = 1/0;
    }
}
```

JUnit 异常测试运行结果如图 3-10 所示。

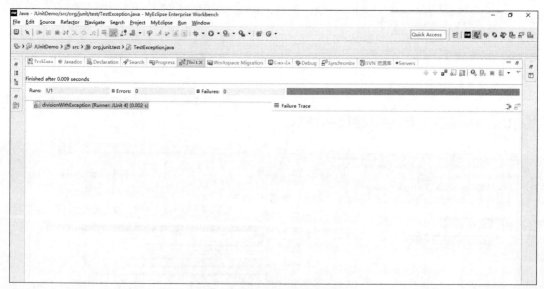

图3-10　JUnit异常测试运行结果

3.3　JUnit实现单元测试案例

本节将使用 JUnit 单元测试工具对 2.4.3 节中设计的测试用例（如表 2-1 所示）进行单元测试。

  查询功能由两部分组成：一部分是由 if()else if()else() 语句构成的查询功能的业务逻辑，另一部分是 if()else if()else() 语句中的数据库查询操作。根据单元测试的指导思想，我们应将测试的重点集中到查询功能的业务逻辑而不是数据库查询操作，因此为了方便测试，需要简化查询功能的代码，将代码中的数据库操作换成对公共变量的赋值语句，并且在测试中声明该公共变量，这样既提高了测试的针对性，又简化了测试的复杂性。简化后的查询功能代码如下。

```java
import com.bugull.aucma.qr.commons.utils.MD5Util;
public class Query {

    // 需要测试的逻辑
    public int testQueryLogic(String gprsNum, String one_dimensional_Code, String PRODUCT_TYPE, String startTime,
            String endTime) {

    // 定义输出结果
    int result = 0;

    if (MD5Util.isEmpty(gprsNum) && MD5Util.isEmpty(one_dimensional_Code) && MD5Util.isEmpty(endTime)
                && MD5Util.isEmpty(startTime) && MD5Util.isEmpty(PRODUCT_TYPE)) {
        result = 1;
    }

    // sim卡号不为空
    if(!MD5Util.isEmpty(gprsNum)&&(!MD5Util.isEmpty(startTime) || !MD5Util.isEmpty(endTime))) {
        result = 2;

    } else if (!MD5Util.isEmpty(one_dimensional_Code)
            && (!MD5Util.isEmpty(startTime) || !MD5Util.isEmpty(endTime))) {
        result = 3;

    } else if (!MD5Util.isEmpty(PRODUCT_TYPE)) {
        result = 4;

    }

    // 日期不为空
    if((!MD5Util.isEmpty(startTime)||!MD5Util.isEmpty(endTime))&& MD5Util.isEmpty(gprsNum)
        && MD5Util.isEmpty(one_dimensional_Code) && MD5Util.isEmpty(PRODUCT_TYPE)) {
        result = 5;
    }
```

```
            return result;
        }
    }
```

使用参数化测试，使用 2.4.3 节中设计的 6 组测试用例（如表 2-1 所示）进行测试，测试代码如下。

```
import java.util.Arrays;
import java.util.Collection;
import org.junit.Assert;
import org.junit.Test;
import org.junit.runner.RunWith;
import org.junit.runners.Parameterized;
import org.junit.runners.Parameterized.Parameters;

@RunWith(Parameterized.class)
public class TestQuery {

    // 1.声明期望变量和输入变量
    private int result;
    private String gprsNum;
    private String one_dimensional_Code;
    private String PRODUCT_TYPE;
    private String startTime;
    private String endTime;

    // 2.定义构造函数，用于为输入参数和期望赋值
    public TestQuery(int result, String gprsNum, String one_dimensional_Code,
String PRODUCT_TYPE, String startTime,
        String endTime) {
    this.result = result;
    this.gprsNum = gprsNum;
    this.one_dimensional_Code = one_dimensional_Code;
    this.PRODUCT_TYPE = PRODUCT_TYPE;
    this.startTime = startTime;
    this.endTime = endTime;
    }

    // 3.声明输入参数
    @Parameters
    public static Collection addInput() {

    Object object[][] = { { 1, null, null, null, null, null },
            { 2, "1342375492312312312" , null, null, "2016-08-10 00:00:00" , null },
            { 3, null, "123380200000559V0000111" , "PRODUCT_data" , "2016-08-10
```

```
00:00:00", "2016-08-11 00:00:00" },
                { 4, null, null, "PRODUCT_data", null, null },
                { 5, null, null, null, "2016-08-10 00:00:00", "2016-08-11 00:00:00" },
                { 4, "1342375492312312312", "123380200000559V0000111", "PRODUCT_data",
null, null } };

        return Arrays.asList(object);
    }

    // 4.测试
    @Test
    public void testQ2() {
    Query query = new Query();
    // 断言
    Assert.assertEquals(result,
                query.testQueryLogic(gprsNum, one_dimensional_Code, PRODUCT_TYPE,
startTime, endTime));
    }
}
```

运行测试后 6 组测试均通过，运行结果如图 3-11 所示。

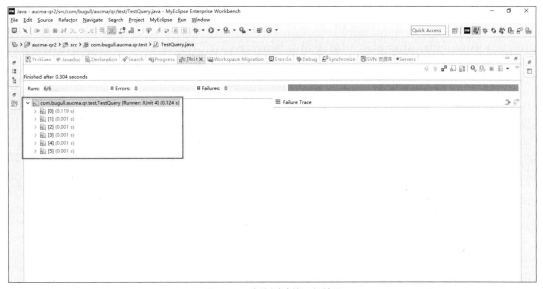

图3-11　查询测试的运行结果

集成测试

4

前面的章节介绍了白盒测试、单元测试以及测试框架 JUnit 的使用。单元测试结束后，只能表明某个单元模块中潜在的缺陷得到处理，但实践表明，有时在对软件进行单元测试时没有暴露缺陷，当调用相关单元模块来实现某项功能，或者为所开发的系统增添某项功能时，就可能出现许多问题。一些局部模块在测试时反映不出来的问题，在系统全局上很可能暴露出来，从而影响项目进一步的开发与完善。这时就需要对所开发的软件进行集成测试。

4.1 集成测试基础及策略

4.1.1 集成测试简介

集成测试，也叫组装测试，是在单元测试的基础上，将所有模块按照设计要求，组装成模块、子系统或整体系统，从而实现功能设计要求而进行的测试。对系统进行单元测试的过程中无法发现的问题，在把各个模块单元组装成子系统或整体系统后很可能展现出来，影响系统功能的运转。因此，单元测试完成后，有必要对各个单元模块进行集成测试，发现并排除调用已测模块时可能出现的问题，最终完善整个系统，成功交付产品。

如图 4-1 和图 4-2 所示，集成测试在软件测试过程中对应模块设计，在整个软件开发过程中大约占据 25% 的时间。集成测试介于单元测试和系统测试之间，其测试的粒度也介于两者之间，它既不关注模块的内部逻辑结构，也不关心系统的外部表现，主要目的是验证将一个个完成测试的单元模块组装成一个完整的系统时是否会产生错误，避免在接下来模块集成的过程中出现错误叠加而影响系统功能的实现。实践证明，集成测试质量的好坏将直接影响所开发软件的质量。

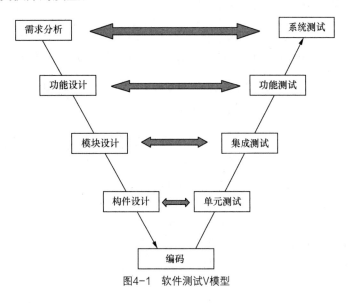

图4-1 软件测试V模型

集成测试的基本形式是：两个已经测试过的类组合成一个相关类，测试类之间的调用是否成功。从这一层意义上讲，相关类是指多个类的聚合。在一个软件程序中，许多单独类组成相关类，而这些相关类组成系统的更大部分。因此，进行集成测试的方法就是测试这些相关类的组合，并最终扩展范围，将其他类与核心类集成到一起进行测试。最后，将所有类集合到一起进行测试。

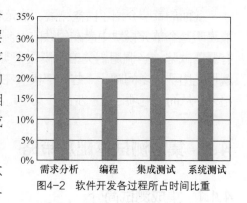

图4-2　软件开发各过程所占时间比重

所有软件项目都不能省去系统集成这个阶段。不管采用什么开发模式，具体的开发工作总得从一个一个的软件单元做起，而软件单元只有经过集成才能形成一个有机的整体。只要有集成，总是会出现一些问题，在工程实践中，几乎不存在软件单元组装过程中不出现任何问题的情况。

4.1.2　常用集成测试方法

集成测试方法是在软件集成过程中，在分析测试对象的基础上，描述系统各模块如何集成的方式。集成测试方法直接关系到测试的成本、效率和结果等，一般要根据具体的系统来决定采用哪种测试方法。就目前国内外软件测试环境而言，集成测试方法有很多，比如常见的非增量式集成（又叫大爆炸集成）、自顶向下增量式集成、自底向上增量式集成、"三明治"集成、基于功能的集成测试、基于风险的集成测试等。各种集成测试方法测试的路径顺序不同，在测试的过程中所关注的重点也不同，因此，在使用不同测试方法进行测试活动时也表现出不同的优缺点。

对两个以上模块进行集成时，需要考虑它们和周围模块的联系。为了模拟这些联系，我们需要设置若干辅助模块。辅助模块包括以下两类。

（1）驱动模块：用来模拟被测模块的上一级模块，相当于被测模块的主程序。它接收数据，将相关数据传送给被测模块，启用被测模块，并打印出相应的结果。

（2）桩模块：用以模拟待测模块工作过程中所调用的模块。桩模块由被测模块调用，一般只进行很少的数据处理。

如图 4-3 所示，桩模块的使命除了使程序能够编译通过，还需要模拟返回被代替的模块的各种可能返回值(什么时候返回什么值需要根据测试用例的情况来决定)。驱动模块的使命就是根据测试用例（有关测试用例的介绍参见后文）的设计去调用被测试模块，并且判断被测模块的返回值是否与测试用例的预期结果相符。

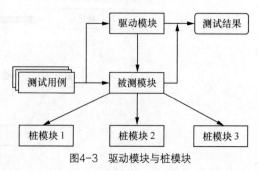

图4-3　驱动模块与桩模块

1. 非增量式集成

非增量式集成，又叫大爆炸集成，其测试过程是先分别对系统中的每个子模块进行单元测试，然后将所有子模块按程序结构图组装到一起进行测试，最终得到所要求的软件。

如图4-4所示，假设一个系统包括A、B、C、D、E、F 6个模块，按照非增量式集成测试方法，用桩模块测试模块A，用驱动模块测试模块B、C、D、E、F，最后将测试完成的所有模块直接组装成完整的系统。

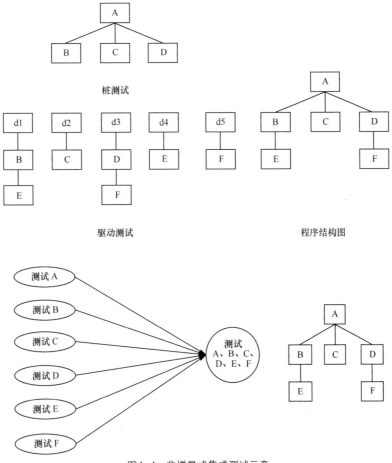

图4-4 非增量式集成测试示意

这种测试方法的优点是需要的测试用例少，测试方法简单、易行。其缺点是没有对各模块间的接口进行充分测试，易漏掉潜在接口错误，不能很好地对全局数据结构进行测试，当集成模块过多时会出现大量错误，难以定位修改，往往需经多次测试才能运行成功，难以保证开发出的软件的可靠性。因此，这种测试方法只适用于修改或增加少数几个模块且产品前期比较稳定的项目，或者只有少量模块且经过充分测试的小项目。

2. 自顶向下增量式集成

自顶向下集成测试的步骤是从主控模块（核心模块，具有最高功能集成的模块）开始，按照软件的控制层次结构，逐步把各个模块集成在一起。自顶向下增量式集成有两种方案：一是根据模块层次分布的宽度进行，从主控模块出发，一层一层根据模块宽度优先自顶向下集成；二是根据模块层次分布的深度进行，优先集成模块关系最长的相关模块，再将其他模块添加进来。

图 4-5 分别展示了宽度优先和深度优先的自顶向下增量式集成测试过程。宽度优先的自顶向下集成中，先写桩模块对模块 A 进行测试，再按照图中顺序依次将模块 B、C、D、E、F 和主控模块 A 组装到一起；而深度优先的自顶向下集成则是按照图中顺序依次将模块 B、E、C、D、F 和主控模块 A 组装到一起，最终实现整个系统的集成测试。

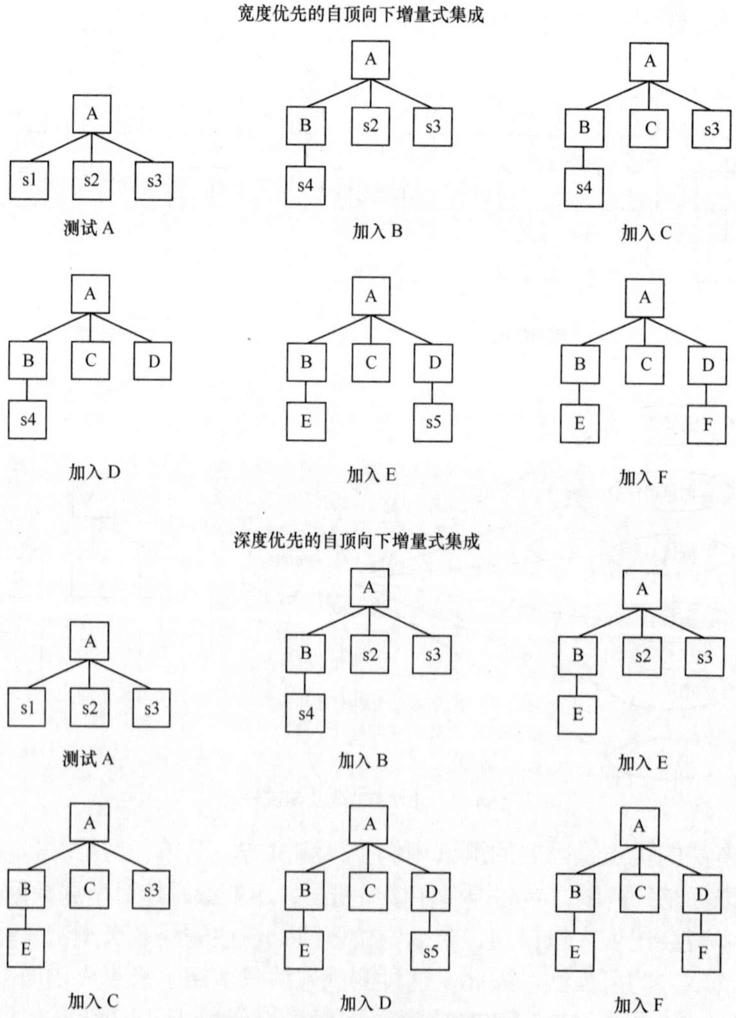

图4-5　自顶向下增量式集成示意

自顶向下增量式集成的优点在于能尽早地检验程序的主控模块和决策机制，能够较早地发现系统整体设计上的错误。其缺点是在测试上层模块时，需要使用桩模块来替代下层模块，导致难以反映真实的数据传递情况，重要数据无法及时发送到上层模块，因此测试并不充分。

解决这个问题有 3 种办法：第 1 种是把某些测试推迟到用真实模块替代桩模块之后进行；第 2 种是开发能模拟真实模块的桩模块；第 3 种是采用自底向上增量式集成方法。在这 3 种方法中：第 1 种方法又回退为非增量式集成方法，使错误难于定位和纠正，并且失去了在组装模块时进行一些特定测试的可能性；第 2 种方法无疑会大大增加开销；第 3 种方法比较切实可行。

3. 自底向上增量式集成

自底向上增量式集成是集成测试最常用的方法，在实际测试活动中占有重要地位，其他集成测试方法都或多或少地继承、吸收了这种集成方法的思想。

如图 4-6 所示，自底向上增量式集成从程序模块结构的底层模块开始组装和测试。具体步骤为：先通过写驱动模块测试模块 E、C、F；再将模块 E 与模块 B、模块 D 与模块 F 组装起来，通过写驱动模块进行测试；最后集成到一起进行测试。

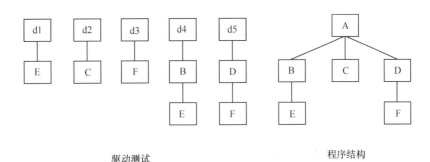

图4-6　自底向上增量式集成示意

因为自底向上增量式集成测试是从原子模块（即软件结构最底层的模块）开始组装的，它的子模块（包括子模块的所有下属模块）事前已经完成组装并通过测试，因此测试到较高层模块时，所需的下层模块功能均已具备，所以不再需要编制桩模块，节省了开发桩模块的时间，提高了集成测试的效率。这种集成测试的缺点是，直到将最后一个模块（如图 4-6 中模块 A）组装到程序结构上时才能看到系统功能的实现，对于及时把握系统整体设计有一定阻碍。

4. "三明治"集成

"三明治"集成测试方法，综合了自顶向下和自下向上这两种测试方法，也是一种在实际测试中常用的方法。

如图 4-7 所示，在进行"三明治"集成测试时先把系统划分为三层，中间层为目标层，在将已测模块组装到一起的过程中，目标层之上采用自顶向下组装的方法，目标层之下采用自底向上组装的方法。

"三明治"集成测试方法将自顶向下和自底向上的集成方法有机地结合起来，不需要开发桩模块，因为在测试初期，自底向上增量式集成已经验证了底层模块的正确性。它从程序上下两层向中间层集成，同时保证了每个模块得到单独的测试，使测试进行得比较彻底，因此它适用于大多数软件开发项目。

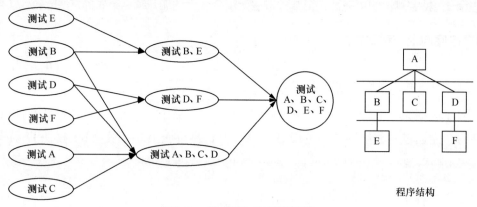

图4-7   "三明治"集成测试示意

5. 基于功能的集成测试

基于功能的集成测试首先要确定测试优先级，在对每个模块单独测试后，直接将优先级比较高的几个模块一次性集成到一起，必要时使用桩模块，然后根据测试优先级每增加一个关键功能，就测试一次，直至将所有模块组装完成。

如图 4-8 所示，根据模块功能的主次或者重要性，将按 A、D、C、F、B、E 的顺序作为测试的优先级，然后以此顺序依次添加模块进行测试。

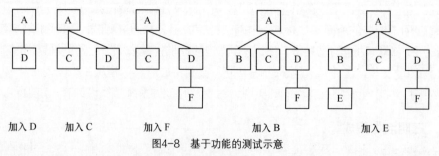

图4-8   基于功能的测试示意

这种集成测试的方法可以尽快看到关键功能的实现，并验证其正确性，在进度上比"三明治"集成要快，并且能够减少驱动模块的开发工作。其缺点是对部分接口测试得不够充分，容易忽视一些接口错误，可能会有较大的冗余测试。因此这种测试方法适用于主功能有较大风险的项目和一些只注重功能实现或对于所实现功能信心不强的项目。

6. 基于风险的集成测试

基于风险的集成测试首先分析每个模块的风险级别，然后对风险程度比较大的模块优先集成并进行充分测试。接着每增加一个次级风险模块，对局部系统进行一次集成测试，直至完成整个系统的集成测试。

如图 4-9 所示，首先评估模块的风险程度，将模块按照风险程度由大到小进行排序，假设该顺序依次为 D、F、A、B、E、C，那么将以此顺序依次添加模块进行测试。

这种测试方法的优点是可以尽快发现并解决缺陷比较集中的风险模块，减少测试工作量，提高测试人员的自信心。其缺点是在评估风险模块的过程中，需要评估人员对各个模块的缺陷有一个清晰的分析。因此这种测试方法适用于主功能存在较大缺陷风险，或者模块缺陷明显且需要尽快解决的项目。

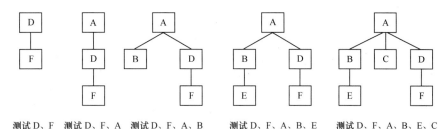

图4-9　基于风险的集成测试

4.1.3　以"二八定律"为目标的集成测试指导思想

1. 指导思想概述

从单元测试到集成测试，测试空间扩大，伴随着已测模块需要组装成完整系统这一过程出现的模块间兼容的问题，只有得到高效的解决，才能不让原本就占据大量时间的测试过程花费更多时间。在综合研究了各种集成测试方法之后，本书将采用风险模块优先，并以自底向上层级顺序对 GPRS 实时监控系统进行集成测试。优先测试风险模块，既能优先测试系统的关键部位，及时发现底层设计上的缺陷，又能避免单一使用自顶向下集成测试顺序而需要开发桩模块的弊端，从而节省了人力与时间。因此这种测试方法较好地遵循了软件开发过程中的"二八定律"。

2. 指导思想步骤

通常，软件测试人员对于系统集成测试步骤的安排，就是将通过单元测试的单独类，以一定的规则组装起来，再进行整体功能的测试。其测试步骤包含以下过程。

（1）按照设计阶段的说明画出系统构件图。

（2）开发端口输入事件所驱动的类。

（3）开发与核心类相关的类。

（4）将新类与核心类组装成相关类。

（5）对组装成的相关类进行测试。

（6）从未集成的类中选一个新类作为下一步的集成类。

这种集成测试方案虽然简单易行，但是由于没有优先考虑风险模块，意味着没有着重解决软件测试中最根本的缺陷问题，难以控制集成过程中风险出现的时间和频率，容易导致后期测试工作的重复，因此只能测试逻辑结构较为清晰明确、结构比较简单的系统，难以测试业务逻辑比较复杂或者功能比较多的系统。

根据本章提出的集成测试指导思想，可以利用如下测试步骤来测试业务逻辑比较复杂的系统软件。

（1）根据各个模块在系统中的耦合程度和使用频率，评估出系统最有可能出现风险的模块，划分出风险等级。

（2）对风险等级比较高的模块（主风险模块）采用自底向上增量式测试方法优先进行相关类的测试。

（3）根据主风险模块在系统构件图中所处的位置，将次级风险模块与主风险模块组装并测试。

（4）集成风险程度最低的模块，实现整个系统的集成测试。

4.1.4　集成测试过程

集成测试能够检测出对于单独类测试无法检测出的且只有当这些单独类相互作用时才会产生的错误。基于单元测试对成员函数行为正确性的保证，系统的集成测试只关注系统的结构和内部的相互作用，大致可以分为两步进行。

1．静态测试

静态测试是指不运行被测程序本身，仅通过分析或检查源程序的语法、结构、过程和接口等来检查程序的正确性。静态测试针对程序的结构进行，检测程序结构是否符合要求并得出系统构件图、函数功能调用关系图或实体关系图，检测程序结构和实现上是否有缺陷，检测对于系统功能实现的编程是否达到了设计要求。静态方法通过对程序静态特性的分析，找出欠缺和可疑之处，例如不匹配的参数、不适当的循环嵌套和分支嵌套、不被允许的递归、未使用过的变量、空指针的引用和可疑的计算等。静态测试结果可用于进一步的查错，并为测试用例的选取提供指导。在本章中，静态测试部分将通过分析系统构件表和系统构件图来检测系统的组成结构。

2．动态测试

动态测试是指通过运行被测程序，检查运行结果与预期结果的差异，并分析运行效率、正确性和健壮性等性能。这种方法由 3 部分组成：构造测试用例、执行程序以及分析程序的输出结果。在本章中，动态测试部分将根据静态测试得出的系统构件图、函数功能调用关系图或实体关系图作为参考，设计测试用例来展示测试的具体流程。

4.2 以"二八定律"为目标的集成测试案例

测试用到的 GPRS 实时监控系统为 Web 系统，该系统整体可以分为两个子系统：Socket 端子系统和 Web 端子系统（以下简称 Socket 端和 Web 端）。Socket 端用于在接收产品终端发送来的数据后进行数据匹配，并将整合后的数据信息保存到数据库中；Web 端负责调用整合后的数据，并进行查询、显示和导出。本章将紧扣集成测试指导思想，分别从静态和动态两个方面介绍测试该系统的过程。

在测试过程中，我们将构建系统构件表和系统构件图。软件工程中的构件是面向软件体系架构的可复用软件模块。构件是可复用的软件组成成分，可用来构造其他软件，它可以是被封装的对象类、类树、一些功能模块、软件框架、软件构架、文档、分析件、设计模式等。

对于 GPRS 实时监控系统，本节将按照以下步骤对其进行集成测试。

（1）通过静态测试得到系统构件表和系统构件图，把握整体系统结构。

（2）根据静态测试得到的图表制作测试用例模板，记录后续测试结果。

（3）根据各相关类在系统中的耦合程度和使用频率，划分模块风险等级。

（4）根据风险等级的由高到低自底向上地对系统进行集成测试，直至测试完整个系统。

4.2.1　集成测试之静态测试

1．列出系统构件表

根据静态测试的要求，要测试一个程序，首先要确定程序的功能是否符合要求，因此在将系统模块集成到一起之前要进行静态测试，得到被测系统的构件图，通过图表的形式清晰直观地展示出系统的结构和功能，以便进行后续的动态测试。根据各模块实现的不同功能，构建系统构件表（见表 4-1 和表 4-2）并设计系统构件图（见图 4-10）。

表 4-1　Web 端子系统构件

系统 Web 端	模块划分	JSP、类名和数据库
GPRS 模块 实时监控	数据查询	JSP：user_index3.jsp、history3.jsp DAO 类：TempReportDao、TempReportHistoryDao 数据库：tempreport、tempreporthistory（MongoDB）
	数据导出	JSP：history3.jsp DAO 类：TempReportDao、TempReportHistoryDao 数据库：tempreport、tempreporthistory（MongoDB）
	地图显示	JSP：xiangqing.jsp DAO 类：TempReportDao、TempReportHistoryDao 数据库：tempreport、tempreporthistory（MongoDB）
	登录模块	JSP：home_login.jsp DAO 类：UserDao 数据库：user（MongoDB）

表 4-1 列出了 Web 端 JSP、DAO 类和数据库表名，主要实现了数据查询、数据导出、地图显示和登录等功能。其中：数据查询模块主要是查询终端产品信息和终端使用信息；数据导出模块是将所查询的信息以表格形式导出；地图显示模块是将终端的位置信息以地图和文字的形式显示出来；登录模块实现了管理员登录功能。

表 4-2　Socket 端子系统构件

系统 Socket 端	模块划分	类名
GPRS 模块 实时监控	数据获取	类：ReportProcessor
	CRC 校验	类：CRCUtil
	二进制解码	类：ByteUtil
	数据存储	类：ReportProcessor
	数据匹配	类：MatchModelDao、AotoMatchDBAndUpdaSelfTask、ReportProcessor

备注：这里只列举了主要构件。

在实际系统中，ReportProcessor 类承载的功能最多，数据的获取、数据存储以及数据匹配都会在这个类中得到实现。上传信息的 CRC 校验和二进制解码则分别通过 CRCUtil 和 ByteUtil 这两个类实现。

2. 构建系统构件图

系统构件图可以将一个系统的内部结构功能以图的形式清晰直观地展示出来，使得动态测试的执行有着明确的参照目标，有利于集成测试快速高效地进行。根据系统构件表和系统中各个模块的实际组合情况构建 GPRS 实时监控系统的系统构件图，如图 4-10 所示。

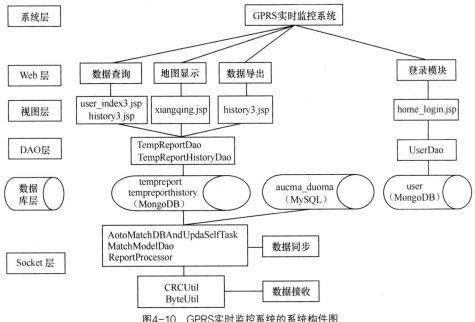

图4-10　GPRS实时监控系统的系统构件图

在图 4-10 中，GPRS 实时监控系统被划分为两个子系统：Socket 端和 Web 端。其中 Socket 端负责将产品终端中 Sim 卡发来的产品使用信息上传到 MongoDB 中，并将 MySQL 中产品的规格信息与 MongoDB 中的使用信息进行匹配，最后保存到 MongoDB 中（其中管理员登录信息也存储在 MongoDB 中）。Web 端则主要负责面向客户使用的功能，其中视图层中的数据查询功能、地图显示功能和数据导出功能都将调用 DAO 层的 TempReportDao 类和 TempReportHistoryDao 类，这几个类将分别从 MongoDB 中 tempReport 和 tempReportHistory 这两个表中调用数据。登录模块从 MongoDB 中的 user 表中调用数据，最终实现整个系统的功能。

4.2.2　集成测试之动态测试

1. 集成测试用例模板

测试用例是为某个特殊目标而编制的一组测试输入、执行条件以及预期结果的模板，以便测试某条程序路径或核实是否满足某个特定需求。它对软件测试的行为活动做一个科学化的组织归纳，目的是能够将软件测试的行为转化成可管理的模式。测试用例也是具体量化测试的方法之一，不同类别的软件，测试用例是不同的。

在上一节的静态测试中，我们得到了系统构件图以及系统所包含的构件。针对该系统开发如表 4-3 所示的集成测试用例模板。

表 4-3　集成测试用例模板

用例编号	BuildX.Y	模块名称	当前模块的名字
开发人员	开发人员名字	版本号	开发时的版本号
用例作者	用例作者名字	设计日期	YYYY-MM-DD
用例描述	此处主要介绍用例的作用范围；用例所测试的功能介绍		
层级	XX 层		
前置条件	测试用例正常执行的前提条件；集成该功能模块测试时的前期配置等		
预期结果	通过	测试时功能可以实现时的反应状态	
	不通过	测试时功能无法实现时的反应状态	
测试人员	测试人员名字	测试日期	YYYY-MM-DD
所用技术	测试所用技术	测试结果	测试后的实际结果
缺陷编号	DefectX.Y	备注	缺陷信息、原因、解决方案等

备注：其中缺陷编号以及相关备注可能不止一条。

在表 4-3 中，测试用例模板除了包含被测模块的一些基本信息，还有具体的用例描述、测试所用技术以及预期结果，较为全面地展示出集成测试信息。该测试用例用在模块集成的时候，每添加一个模块进行测试，就要填写此测试用例，以保证测试过程的实时性和准确性。

2. 集成测试风险评估

风险模块优先测试，即在进行集成测试时，对风险比较高的模块优先进行测试，以实现在程序集成中用最少的时间解决最主要的问题。例如：GPRS 实时监控系统所关联的产品终端中的 Sim 卡会实时地将产品的使用信息发送到数据库 MongoDB 中，系统功能的实现都需要调用 MongoDB 中的数据。由于信息接收和信息同步模块处于系统功能最前端，分别实现了实时监控和同步的功能，耦合度比较高，使用频率也最高，经过评估，这两个模块所包含的类存在风险的可能性最高，因此在测试时被优先测试。

根据各个模块的耦合度和使用频率以及模块间的关联关系，评估系统所有模块风险等级，得到模块风险等级评估分级，如图 4-11 所示。

如图 4-11 所示，根据风险程度和模块使用频率对系统模块进行风险等级划分，Socket 端的数据接

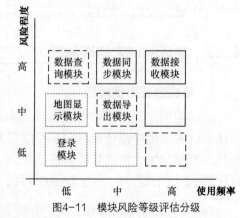

图4-11　模块风险等级评估分级

收模块和数据同步模块的风险程度最高，根据集成测试指导策略，将优先测试 Socket 端所包含的工具类和功能类组成的相关类。数据查询模块和数据导出模块的风险程度次之，故在将上述两个类集成测试完成后再将这两个类集成到已经测试完成的相关模块中。由于地图显示模块和登录模块的风险程度最低，故将最后进行集成。在实际测试过程中，由于地图显示模块和数据查询模块、数据导出模块同属于 Web 层，在代码上实现的功能相似，因此同时集成这三个模块。最后将风险程度最低的登录模块集成到主干模块中，如此便实现了整个系统的集成。

3. 基于风险的集成测试过程

首先，根据图 4-11 可以判断出，Socket 端的数据接收和数据同步模块的风险程度最高，根据集成测试指导思想以及静态测试得到的系统构件表，将优先测试 Socket 端所包含的工具类和功能类组成的相关类，也就是图 4-12 中的数据同步和数据接收这两个模块。测试过程中将根据传统的 mock-server 创建一个基于 Socket 的 Mock 服务器，用于为 Socket 端提供测试数据和检验通信协议是否正确（有关 Mock 的使用将在第 5 章进行介绍）。

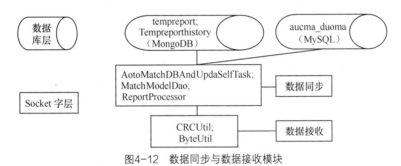

图4-12 数据同步与数据接收模块

其次，根据系统构件图，将 Web 端 DAO 层中的类与已经测试完成的数据接收与数据同步模块组装到一起进行测试，将数据通过 DAO 层调用并显示到控制台，从而实现对 Socket 层、数据库层和 DAO 层的集成测试（如图 4-13 所示）。

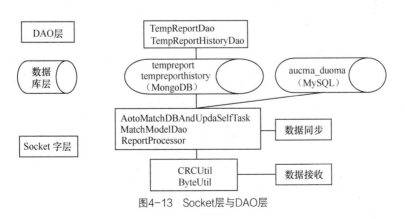

图4-13 Socket层与DAO层

再次，将 JSP 视图层与已经测试完成的部分集成起来进行测试，实现前台页面能够显示所查询数据的功能。这部分测试完成后，最重要的风险类和功能部分基本测试完成，接下来将剩下的模块组装到主功能模块后再进行测试（如图 4-14 所示）。

从图 4-15 可以看出，登录模块使用的数据虽然也存储在 MongoDB 中，但与产品终端的使用信息不在同一表内，并且它的 DAO 层和视图层与主功能模块没有相关性，所以将其单独进行测试后直接组装到已经测试完成的主功能模块中。

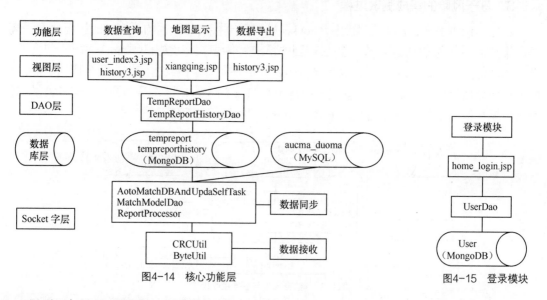

图4-14　核心功能层　　　　　　　　　　　　　　　　图4-15　登录模块

最后，加入登录模块，构成整个系统（如图 4-10 所示）并编写启动类进行测试，即实现了对整个系统的集成测试。接下来将对该系统进行整体性能上的测试（详见第 8 章）。

4.2.3　指导思想与其他策略对比

在实际软件风险评估过程中，往往功能越复杂的模块存在着越大的风险，因此基于风险优先测试的好处不仅是提前发现了风险，还优先将系统的主要功能通过测试实现，确保了关键功能的正确性，大大减少了测试的人月成本（一名员工工作一个月的综合成本）。此外，此测试方法符合数据传递的顺序，能够更好地体现数据逻辑的实现。

在图 4-16 中（直线表示传统增量式集成的测试工作量，曲线表示风险类优先测试的测试工作量），可以看出，优先测试风险模块与图中直线所表示的单一的集成测试策略相比，其集成测试方法能够用尽可能少的时间解决问题最集中的底层部分，大大减少了测试工作量，缩短了测试所占用的时间，极大提高了测试效率。

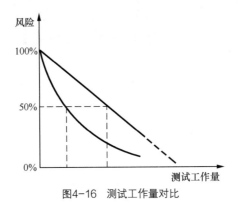

图4-16 测试工作量对比

测试过程中用到的基于风险的自底向上测试方法，相比于自顶向下测试方法，虽然后者能较早地看到系统整体功能的实现，但需要开发大量的桩模块；相比于单纯使用自底向上集成测试方法，后者在测试的时候没有优先测试风险模块，容易导致测试时已经测试过的部分在后来的测试中需要再次测试，进而导致测试所用的时间大大延长。所以当对开发的系统进行集成测试时，建议使用本书提出的测试策略，既能够集中较短的时间定位并解决主要的系统缺陷，又能减少测试人员的工作量，降低测试成本，提高测试效率，较好地实现了软件开发中的"二八定律"。

4.2.4 集成测试之Mock的应用

在对系统 Socket 端子系统进行集成测试的过程中，本书使用了 Mock 模拟 Socket 端数据来源的测试方法。用 Mock 模拟被测试的类是近几年来使用率逐渐上升的测试技术，如今很多框架都集成了 Mock 测试功能。在测试过程中，对于某些不容易构造或者不容易获取的对象，创建一个虚拟的对象以便测试的方法就是 Mock 测试。这个虚拟的对象就是 Mock 对象，其本质就是真实对象在调试期间的代替品。引入 Mock 最大的优势在于 Mock 的行为固定，它确保当用户访问该 Mock 模拟的某个方法时总是能够获得一个没有任何逻辑的直接就返回的预期结果。

在实际项目中，Socket 端的数据经常被调用，而这时服务器端还没开发完全，不能为客户端提供数据，此时就可以通过建立一个 Mock 服务器来为页面的请求提供模拟数据，这样可以使得前后端工作并行进行，极大提高了测试的工作效率。具体使用方法将在下一章进行介绍。

使用Mock实现集成测试

基于上一章提出的集成测试方法和指导思想，本章将介绍如何使用Mock来进行具体的集成测试。

5.1 Mock简介

5.1.1 什么是Mock

Mock 测试是在测试过程中，对于某些不容易构造或者不容易获取的对象，创建一个虚拟的对象，以便进行简洁有效的测试的一种方法。

Mock 不仅表示在代码层面的模拟，广义上讲，在测试过程中，任何模拟依赖和外部组件的方法都属于 Mock 测试范畴。例如，在以 JSON 数据为通信协议的 Web 应用程序中，客户端需要获取 JSON 数据以展示在页面上，而这时服务器端还没开发完全，不能为客户端提供数据。这时，我们就可以花极小的代价建立一个 Mock 服务器来为页面的请求提供模拟数据，这样前后端工作并行进行，极大提高了工作效率，这也是 Mock 的一种常见应用。

如今很多软件开发框架都集成了 Mock 测试功能：Spring 项目中就集成了 Mock 测试案例，org/springframework/Mock/Web 中就包含了对 Java Web 中常见的 HttpServletRequest 等对象的模拟实现。

Mock 是一种方法，它可以把测试过程中代码的耦合性分解开，如果某一段代码对另一个类或者接口有依赖，它能够模拟这些依赖，并辅助验证所调用依赖的行为。

假设有图 5-1 所示的依赖关系，当需要测试 A 类的时候，如果没有使用 Mock 思想，我们就需要把整个依赖树都构建出来，而使用 Mock 的话就可以将结构分解开：将 C 的依赖项 D 和 E 隐藏到 MockC 的细节中，这样在对 A 进行测试时，我们直接处理其直接依赖项 B 和 C 即可，极大降低了测试复杂度，如图 5-2 所示。

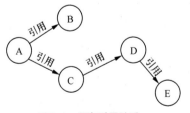

图5-1 原有引用关系   图5-2 采用Mock后的引用关系

尽管 Mock 测试在多数资料里被认为是一种单元测试的方案，但我们要明确：Mock 是一种模拟依赖的测试方法，并没有严格的使用限制。我们可以 Mock 一个方法、一个类、一个模块甚至一台服务器。本章将先介绍一种 Mock 框架的用法，进而跳出单元测试的圈子，使用 Mock 思想进行集成测试。

5.1.2　Mock与Stub

在实际测试中，我们更关注的是被测试对象的行为和功能，而不是一些依赖、次要方法调用等。所以在实际测试中去除这些依赖和次要方法调用是很有必要的，常见方法是用 Stub（桩）对象和 Mock 对象代替要测试对象的依赖，然后通过自定义这个对象的行为来实现依赖的解除。

我们在上一节中介绍了 Mock，得知 Mock 是一种模拟外部依赖的方法。实际上，我们还会经常用到另一种模拟依赖——"Stub"，即桩模块。

Stub 是真实方法的一部分，它去除了调用代码的实现和冗余逻辑，专心判断待测功能。它精简了原方法，使其专注于待测功能，通过一个相对简单的行为替代复杂的行为，用一个相对简单的功能代码替代外部的依赖。

表 5-1 描述了 Mock 与 Stub 的异同，包括以下几点。

（1）Stub 是显式实现的，即使这个方法只有一个空的方法体或者只有一条 return 语句也要显式声明；Mock 是可以通过如 Mockito、EasyMock 等 Mock 框架来隐式实现的。

表 5-1　Mock 与 Stub 的对比

	不同点	相同点
Mock	1. 隐式实现 2. 实现相对简单 3. 模拟外部依赖屏蔽原方法 4. 能验证运行结果	1. 都可以对系统的模块或单元进行隔离 2. 都是用自己创建的对象来替代要测试的对象
Stub	1. 显式实现 2. 实现相对复杂 3. 声明依赖项，精简原方法 4. 不能验证运行结果	

（2）Stub 是声明这个依赖，精简原方法，阻断这个方法的运行；Mock 是模拟外部依赖屏蔽原方法的内容，以类似于 Spring 的依赖注入的方式补充调用外部资源。

（3）Mock 的实现相对简单，Stub 的实现相对复杂。

（4）Mock 的工作流程可以简化为：初始化→设置→运动→验证，它必须设定一个预期结果并判断预期结果是否和实际结果相符合。Stub 的工作流程可简化为：初始化→运动→验证，它仅仅是调用了精简后的原方法，不能自动判断它的运行结果。

图 5-3 表明 Stub 是完全模拟一个外部依赖，而 Mock 用来判断测试通过还是失败。

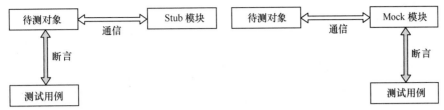

图5-3 Mock与Stub应用目的示意

由图 5-4 可以看出，Mock 是包含 Stub 的。从理论上讲，我们应该尽量用 Mock 取代 Stub，因为 Mock 使用简单，功能丰富。Mock 不仅包含 Stub 的阻断方法运行的功能，还包含期望值的验证、调用验证等。

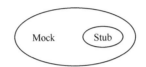

图5-4 Mock与Stub关系示意

5.2 Mock对象与真实对象

我们在上一节中提出了 Mock 测试的基本思想，接下来我们来创建一个 Mock 对象。使用 Mock 对象需要我们遵守如下规范。

（1）使用一个接口描述这个对象。

（2）为产品代码实现这个接口。

（3）以测试为目的，在 Mock 对象中实现这个接口。

由于使用接口来引用对象，在代码中我们不知道接口所引用的是真实对象还是 Mock 对象，这就体现出面向接口编程的好处了，即可以随时对 Mock 对象和真实对象的测试环境进行切换，只需要改变接口的实现即可。例如：在一个简化版的闹钟程序中，要实现过了下午 5 点就需要播放音频提醒员工下班，若用真实对象测试，我们就需要等到下午 5 点才能测试，而用 Mock 对象的话，就可以随时进行测试了。下面是这个示例的具体实现。

定义 Environment 接口，真实环境和 Mock 环境都由这个接口抽象而来。

```java
public interface Environment {
    public long getTime();
    public void playWavFile(String fileName);
    public boolean wavWasPlayed();
```

```
    public void resetWav();
    }
```

真实环境的实现如下，通过定义 playedWav 变量来标识闹钟是否响铃。

```
public class SystemEnvironment implements Environment {
    private boolean playedWav = false;

    public long getTime() {
    return System.currentTimeMillis();
    }
    public void playWavFile(String fileName) {
        playedWav = true;
    }
    public boolean wavWasPlayed() {
    return playedWav;
    }
    public void resetWav() {
        playedWav = false;
    }
}
```

Mock 环境的实现如下，由于需要多种测试情况，显然不能将 getTime() 像真实环境那样取系统时间戳，于是定义 setTime(long currentTime) 来动态设定时间。

```
public class MockSystemEnvironment implements Environment {
    private boolean playedWav = false;
    private long currentTime;

    public long getTime() {
    return currentTime;
    }
    public void setTime(long currentTime) {
    this.currentTime = currentTime;
    }
    public void playWavFile(String fileName) {
        playedWav = true;
    }
    public boolean wavWasPlayed() {
    return playedWav;
    }
    public void resetWav() {
        playedWav = false;
    }
}
```

下面调用业务逻辑的具体类。

```java
public class Checker {
    private Environment env;

    public Checker(Environment env) {
    this.env = env;
        }
    public void reminder() {
            Calendar cal = Calendar.getInstance();
            cal.setTimeInMillis(env.getTime());
    int hour = cal.get(Calendar.HOUR_OF_DAY);
    if (hour >= 17) {
            env.playWavFile( "quit_whistle.wav" );
        }
        }
    }
```

测试用例如下。

```java
public class TestChecker {
    @Test
    public void testQuittingTime() {
            MockSystemEnvironment env = new MockSystemEnvironment();
            Calendar cal = Calendar.getInstance();
            cal.set(Calendar.YEAR, 2017);
            cal.set(Calendar.MONTH, 1);
            cal.set(Calendar.DAY_OF_MONTH, 7);
            cal.set(Calendar.HOUR_OF_DAY, 16);
            cal.set(Calendar.MINUTE, 55);
    long t1 = cal.getTimeInMillis();
            env.setTime(t1);
            Checker checker = new Checker(env);
            checker.reminder();
    assertFalse(env.wavWasPlayed());
            t1 += (5 * 60 * 1000);
            env.setTime(t1);
            checker.reminder();
    assertTrue(env.wavWasPlayed());
            env.resetWav();
            t1 += 2 * 60 * 60 * 1000;
            env.setTime(t1);
            checker.reminder();
    assertTrue(env.wavWasPlayed());
        }
    }
```

51

可以看到，使用了 Mock 对象后，代码的灵活性大大提高，我们可以随时测试该闹钟程序而不必用烦琐的代码去设置时间。

5.3 Mock的适用范围

在 5.1 节中，我们知道了什么是 Mock，讨论了 Mock 模块与 Stub 模块的异同和优缺点。尽管我们建议大多数情况下使用 Mock 而非 Stub，但是依然有必要了解 Mock 的正确使用场景。

Mock 测试主要有以下使用场景。

（1）测试驱动开发（Test Driver Development，TDD）。是指先在测试的帮助下快速实现功能，然后在测试的保护下重构，去除冗余代码。具体而言，需要在写业务代码之前先写好 Mock 接口，这样在之前就可以通过 Mock 接口来完善业务代码，然后只需要在测试过程中把测试添加到自动化测试环境中。

（2）真实对象的一些状态很难构造，如网络抖动。

（3）实际测试中需要关注真实对象如何被调用，真实对象内部状态如何。

（4）真实对象的行为很难触发。如：Java Web 应用程序开发的 servlet 的测试，HttpServletRequest 和 HttpServletResponse 对象的行为很难获取，边开发边部署到 Web 容器中测试也不方便，这时可考虑 Mock 测试——使用 Mock 对象可有效减小测试复杂度。

（5）团队并行开发各模块。当一个团队的开发人员分别负责不同的模块，并且 A 人员负责的模块（模块 A）需要依赖 B 人员负责的模块（模块 B），传统的方案是等模块 B 开发结束后才能开发模块 A，但是使用 Mock 后，我们可以在模块 A 中先模拟调用其所依赖的模块 B 的内容，这样团队可并行工作，从而缩短开发周期。

虽然 Mock 是一种行之有效的解决方案，但是使用 Mock 会使测试变复杂，甚至会导致接口泛滥，虽然我们提倡面向接口编程，但完全依赖 Mock 进行测试是对"对接口编程，而非对实现编程"的误解。

5.4 Mockito简介

5.4.1　为什么选择Mockito

在 5.1 节中，我们得知 Mock 是一种有效的测试方法，从 5.2 节闹钟系统的示例来看，我们从零开始来实现 Mock 思想是很困难的。事实上，一些 Mock 框架实现了 Mock 过程，因此在使用 Mock 的时候，我们不必自己实现 MockService，可以使用现成的 Mock 框架。

当前主流的 Mock 测试框架有 EasyMock、Mockito 和 PowerMock 等。

（1）EasyMock 是早期比较流行的 Mock 测试框架，它提供对接口的模拟，能够通过录制、回放和检查这 3 个步骤来完成大体的测试过程。

（2）Mockito 相对 EasyMock 的学习成本更低，而且具有非常简洁的 API，测试代码的可读性高，已得到广泛应用。

（3）PowerMock 是在 EasyMock 和 Mockito 的基础上扩展出来的，主要解决了二者中诸如对 static、final、private 方法均不能使用 Mock 等问题，而事实上一个设计良好的测试用例一般不需要这些功能。

鉴于以上比较，本书采用 Mockito 框架。

5.4.2 安装Mockito依赖jar包

可以到 Mockito 官方网站下载 Mockito 的最新 JAR 包，下载完毕后，将其作为库引入工程即可。本例使用 Mockito 配合 JUnit 进行测试，有关 JUnit 的使用请参考第 3 章。

也可以用 Maven 或者 Gradle 来安装。

Maven 依赖如下。

```
<dependency>
<groupId>org.mockito</groupId>
<artifactId>mockito-all</artifactId>
<version>1.8.4</version>
</dependency>
```

Gradle 依赖如下。

```
compile group: 'org.mockito', name: 'mockito-all', version: '1.8.4'
```

5.4.3 使用Mockito创建Mock对象

前面的章节介绍了 Mock 模拟外部依赖的方法，现在介绍如何创建一个 Mock 对象。

下面是模拟一个 java.util.List 对象的方法，十分简单，只需要运用 Java 的反射机制把要模拟的 Class 类传到 Mock 的构造方法中即可，这样就获得了一个模拟的 java.util.List 对象，我们可以像用真实的 List 对象一样用这个 Mock 对象，正如之前所说，这个 Mock 对象拥有与真实的 List 对象相同的属性和行为。

```
List Mock = Mockito.Mock(List.class);
```

在上面的测试中，我们在每个测试方法里都 Mock 了一个 List 对象，为了避免重复的 Mock，使测试类更具有可读性，可以使用下面的注解方式来快速模拟对象，这相当于 Mockito.mock() 方法。

```
import org.mockito.MockitoAnnotations;
import java.util.List;

public class TestMock2 {
    @Mock
    private List mockList;
}
```

5.4.4　验证行为

Mockito 不仅可以模拟依赖，还能验证行为。先创建一个 mockList 对象，正如之前所说它和真实的 java.util.List 具有相同的属性和行为，然后通过 verify() 方法验证 List 对象的 add 和 clear 方法是否被调用过。

```
    @Test
    public void verify_behaviour() {
        //模拟一个List对象
        List mockList = Mockito.mock(List.class);
        //使用Mock对象
        mockList.add(1);
mockList.add(1);
        mockList.clear();
        //验证行为是否发生过
        Mockito.verify(mockList).add(1);
        Mockito.verify(mockList).clear();
    //验证add(1)是否执行了两次
Mockito.verify(mockList, times(2)).add(1);
    }
```

验证执行顺序，可以使用 Mockito 提供的 inOrder 对象，验证方法的调用顺序在多线程测试中具有较大实际意义，多线程环境线程调度和代码语句实际执行时机是不可预知的，此时就可以用 Mockito 提供的 API 来测试代码片段的执行顺序了，需要注意的是只有当 inOrder 的验证顺序和待测对象行为的发生顺序一致时，本测试用例才会通过。

```
@Test
public void verification_in_order() {

    List list1 = Mock(List.class);
    List list2 = Mock(List.class);

    list1.add(1);
    list2.add("hello");
    list1.add(2);
    list2.add("world");

    //声明inOrder对象
    InOrder inOrder = inOrder(list1, list2);
    inOrder.verify(list1).add(1);
    inOrder.verify(list2).add("hello");
    inOrder.verify(list1).add(2);
    inOrder.verify(list2).add("world");
}
```

5.4.5　模拟返回结果

实际开发过程中，某一个方法必然有其存在的意义，方法运行产生的结果通过返回值取得。因此一个标准的 Mock 测试用例中对方法返回值的模拟是十分必要的，可以通过 Mockito 模拟方法调用并设定返回值。

```
@Test
public void when_thenReturn() {
    //创建一个迭代器
    Iterator iterator = Mock(Iterator.class);
    //第一次返回hello，以后都返回world
    when(iterator.next()).thenReturn("hello").thenReturn("world");
    //调用设定的Mock
    String result = iterator.next() + " " + iterator.next() + " " +
iterator.next();
    //执行判断
    assertEquals("hello world world", result);
}
```

5.4.6　模拟异常

在本用例中，我们模拟方法体抛出异常的场景，与 JUnit 结合测试该用例是否抛出了 IOException。

```java
@Test(expected = IOException.class)
public void when_thenThrow() throws IOException {
    //创建Mock对象
    OutputStream outputStream = Mock(OutputStream.class);
    OutputStreamWriter writer = new OutputStreamWriter(outputStream);
    //预设当流关闭时抛出异常
    doThrow(new IOException()).when(outputStream).close();
    //调用实体对象，即触发Mock
    outputStream.close();

}
```

5.4.7　监控真实对象

Mockito 不仅提供了模拟对象的接口，还能监控真实对象的行为。本用例中的 List 对象是真实对象，我们通过 Mockito 提供的静态方法 spy() 即可监视其行为。

```java
@Test
public void spy_on_real_objects() {
    List list = new LinkedList();
    List spy = spy(list);

    //下面预设的spy.get(0)会报错，因为会调用真实对象的get(0)，所以会抛出越界异常
    //when(spy.get(0)).thenReturn(12);
    doReturn(2).when(spy).get(666);
    //调用真实对象
    spy.add(123);
    spy.add(234);
    assertEquals(123, spy.get(0));
    assertEquals(234, spy.get(1));
    assertEquals(2, spy.get(666));
}
```

5.5　Mock实例

5.4 节讲的是 Mockito 框架在单元测试中的运用，在本节中，我们将结合贯穿本书的项目实例，运用 Mock 思想来实现集成测试。

传统的软件开发过程往往需要前后端开发人员进行业务上的沟通，需要考虑在页面上显示哪些内容，需要做哪些转换和特殊处理等。而业务上的复杂沟通往往需要极高的时间成本，于是前后端开发人员开始考虑配合设计相应的 API，请求的路径是哪一条，请求包含

哪些参数，集体的协议格式怎么规定，是否需要加密和鉴权等。综合考虑这些问题，整理出一个对应的文档约定，前后端开发人员各自编写相应的实现代码，这就是当前流行的前后端分离的设计思想。

定义好 API 规范后，这个 API 就可以被称为前后端之间的契约。前后端分离如何进行测试就成了首要问题，而由于前后端开发经常是并行的，所以前端经常需要模拟 AJAX 数据接口，以方便在后端还未准备好接口时进行开发及调试，故此就需要 mock-server（数据模拟）服务。mock-server 即模拟服务器端数据接口，用于响应客户端请求提供测试数据的一种测试服务，通常所说的 mock-server 是基于 Web 系统的 HTTP 服务器。基于贯穿本书的测试项目，我们将根据传统的 mock-server 创建一个基于 Socket 的 Mock 服务器，用于为 Socket 服务端提供测试数据和检验通信协议是否正确。

根据上一章提出的集成测试指导思想，我们首先根据风险程度和模块使用频率将系统划分成几个功能模块，按风险程度由高到低依次选取模块进行集成测试，该过程中配合 Mockito 框架模拟出创建成本较大的对象如 JDBC 中的 PreparedStatement（先测试持久层代码），然后一步向上集成，直到模块内部逻辑测试通过。此时进行的集成测试，被测模块间不可避免地存在相互调用关系，我们可以用 Mock 模拟某个模块，例如：模块 A 依赖于模块 B，如果要在现有系统上集成模块 A，就可以 Mock 出一个模块 B，而不用关心模块 B 的内部实现，仅暴露出模块 A 需要调用的接口并提前设定好需要响应的内容，这样就可以在集成过程中充分利用 Mock 的优点进行模块间的解耦。

实例测试过程中，综合分析可知，该系统使用 Netty 作为套接字通信框架，而 Netty 是一个成熟的高度封装的 Java 通信框架，其可靠性已经得到业界普遍承认。因此，在设计测试用例时可以略去 TCP 连接的部分，直接测试模块集成过程中的通信协议部分。如图 5-5 所示，整个系统分为 3 部分，其中真实客户端和模拟客户端对服务器的访问接口和通信数据完全一致，区别在于 Mock 客户端内部没有业务逻辑的实现，仅实现了通信数据的收发。

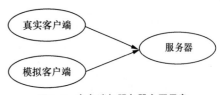

图5-5 客户端与服务器交互示意

综上所述，使用 Mock 进行集成测试的过程中，需要在单元测试的基础上进行依次集成，形成相对独立的几个模块后，对于模块之间的测试可用 Mock 思想屏蔽实现细节、暴露接口供别的模块调用。Mock 能够有效解除模块间的依赖关系，随着软件测试理论的不断完善，互联网上出现了很多开源的 mock-server 框架，在测试过程中我们可以有针对性地进行选择使用，这样可大大提高软件测试效率。

黑盒测试的概述

6

黑盒测试与白盒测试查看源代码的思想不同，即通常所说的将系统看作黑盒子，不去考虑具体的代码，而只是根据本段代码要实现的功能需求，进行测试数据的输入，比较结果的输出是否符合预期。

黑盒测试一般要晚于白盒测试，但这并不意味着黑盒测试就不重要。因为经过实践证明，软件大部分的错误是在黑盒测试的过程中发现的。通过本章的学习，我们将明确黑盒测试的概念、黑盒测试与功能测试的关系、功能测试概念及方法、功能测试最佳实践的指导思想等内容。

6.1　黑盒测试

黑盒测试是将软件看作不透明的黑盒子，完全不考虑软件内部结构和处理算法，只检查软件功能是否按照软件需求说明书所描述的那样正常使用、运行，检查当软件接收数据后是否得到相应的输出，即根据输入 / 输出来判断该模块的功能是否正确。功能测试的目标是将整个软件测试目标具体化，即以最小的代价发现软件产品中最多的功能性错误。

这是黑盒测试被广泛认可的解释。黑盒测试的定义在具体划分时，有广义、狭义之分：第一，广义上的黑盒测试是所有不看源代码的测试方法的总称，其涉及范围很广，如功能测试、性能测试等；第二，狭义上的黑盒测试特指功能测试，通过将软件看作黑盒子，主要测试某个软件或者软件的某个模块的功能是否得到实现。性能测试有其独特的方法和工具，与功能测试的方法和工具不尽相同，因此没有被列入狭义的黑盒测试的概念的范畴。

6.2　功能测试

6.2.1　功能测试方法简介

功能测试能够发现较多的错误，同时针对功能测试提出的方法也比较多。其主要方法包括等价类划分法、边界值分析法、错误推测法、因果图法和判定表驱动法等。

本书重点介绍较为常用的等价类划分法和边界值分析法。

6.2.2　等价类划分法

等价类划分法是把程序的输入域划分成若干由相似属性数据组成的子集，然后从每个子集中选取少数代表性数据作为测试用例。这些代表性数据在测试中的作用等价于其所对应子集中的其他数据。我们称这些代表性数据为等价类。

等价类有两种：有效等价类和无效等价类。有效等价类是指对于程序的规格说明来说是合理的、有意义的输入数据构成的集合。利用有效等价类可检验程序是否实现了规格说明中所规定的功能和性能。无效等价类是指对于程序的规格说明来说是不合理的、没有意义的输入数据构成的集合。

设计测试用例时，要同时考虑这两种等价类。因为，软件不仅要能接收合理的数据，也要能经受意外的考验。这样的功能测试才能确保软件具有更高的质量。

指导我们划分等价类的 6 大原则如下。

（1）在输入条件规定了取值范围或值的个数的情况下，可以确立一个有效等价类和两个无效等价类。例如：输入值是学生成绩 g，范围是 $0 \sim 100$，则可以确定一个有效等价类（$0 \leqslant g \leqslant 100$），两个无效等价类（$g < 0$ 和 $g > 100$）。

（2）在输入条件规定了输入值的集合或者规定了"必须如何"的条件的情况下，可确立一个有效等价类和一个无效等价类。例如：输入值是学生成绩 g，必须大于 0，则可以确定一个有效等价类（$0 < g$），一个无效等价类（$g < 0$）。

（3）在输入条件是一个布尔量的情况下，可确定一个有效等价类和一个无效等价类。布尔量是一个二值枚举类型，一个布尔量具有两种状态：true 和 false。例如：输入值 g 代表学生是否为团员，g 是布尔变量，值为 1 代表是，值为 0 代表不是，则可以确定一个有效等价类（$g = 1$），一个无效等价类（$g = 0$）。

（4）在规定了输入数据的一组值（假定 n 个），并且程序要对每一个输入值分别处理的情况下，可确立 n 个有效等价类和一个无效等价类。例如：输入条件说明输入课程类别为数学、英语、语文 3 种之一，则分别取这 3 种 3 个值为有效等价类，另外把 3 种类别之外的任何字符作为无效等价类。

（5）在规定了输入数据必须遵守的规则的情况下，可确立一个有效等价类（符合规则）和若干个无效等价类（从不同角度违反规则）。例如：输入值是学生学号 g，必须满足是 6 位数字，则可以确定一个有效等价类（g 是 6，为数字）以及若干个无效等价类，例如 g 是非 6 位数字或者 g 是 6 位字母等。

（6）在确知已划分的等价类中各元素在程序处理中的方式不同的情况下，则应再将该等价类进一步划分为更小的等价类。

例如：输入值是学生成绩 g，范围是 $0 \sim 100$，则可以确定一个有效等价类（$0 \leqslant g \leqslant 100$），

两个无效等价类（$g < 0$ 和 $g > 100$）。这时要求成绩小于 60 的均输入不及格，需要将有效等价类划分为更小的等价类，其中 $0 \leqslant g < 60$ 为一个等价类，$60 < g \leqslant 100$ 为一个等价类。

6.2.3　边界值分析法

根据大量的测试统计数据可以得出，很多错误发生在输入或输出范围的边界上，而不是发生在输入 / 输出范围的中间区域。因此针对各种边界情况设计测试用例，可以查出更多的错误。

边界值分析法就是对输入或输出的边界值进行测试的一种功能测试方法。通常边界值分析法是作为对等价类划分法的补充。这种情况下，其测试用例来自边界。

使用边界值分析方法设计测试用例，首先应确定边界情况。通常输入和输出等价类的边界，就是应着重关注测试的边界情况。应当选取正好等于、刚刚大于或刚刚小于边界的值作为测试数据，而不是选取等价类中的典型值或任意值作为测试数据。

基于边界值分析方法选择等价类的原则如下。

（1）如果输入条件规定了值的范围，则应取刚达到这个范围的边界的值，以及刚刚超过这个范围的边界的值作为测试输入数据。例如，如果程序的规格说明中规定"成绩为 0 ~ 60 的学生，我们要……"作为测试用例，那么我们不仅应取 0 及 60，还应取 -0.1、0.1、59.9 及 60.1 等。

（2）如果输入条件规定了值的个数，则将最大个数、最小个数、比最小个数少 1、比最大个数多 1 的数作为测试数据。例如，一个输入文件应包括 1 ~ 255 个记录，则测试用例可取 1 和 255，还应取 0 及 256 等。

（3）将原则（1）和（2）应用于输出条件，即设计测试用例使输出值达到边界值及其左右的值。例如，某程序计算 20 以内两个自然数的和，则要设计测试用例使得相加结果为 0、1、39 和 40，可取 0 与 0、0 与 1、20 与 19、20 与 20 作为 4 组测试用例。

（4）如果程序的规格说明给出的输入域或输出域是有序集合，则应选取集合的第一个元素和最后一个元素作为测试用例。例如，某程序的规格说明要求计算出"每年的学费扣除额为 5300.0 ~ 5600.0"，其测试用例可取 5300.0 及 5599.9，还可取 5300.1 及 5600.1 等。

（5）如果程序中使用了一个内部数据结构，则应当选择这个内部数据结构的边界上的值作为测试用例。例如，某程序使用了数组，可以选取"0"和"数组长度减 1"作为测试用例。

（6）分析规格说明，找出其他可能的边界条件。例如，某程序的规格说明要求某物品在常温下保存，这时查询相关行业常温的范围要求，比如药品的常温指 10℃～ 30℃，然后根据以上规则，可分别选取温度为 9、10、11、20、29、30、31 为测试用例，查看相应的输出是否符合需求。

6.2.4　其他功能测试方法简介

错误推测法是基于经验和直觉推测程序中所有可能存在的各种错误，从而有针对性的设计测试用例的方法。通过错误推测法可以提前预测容易出现错误的地方，有时能大大提高测试效率，但这是依靠长期的积累得到的技能，并不属于可以直接学习的范围。

因果图法、判定表驱动法是解决条件组合情况的首选，两者可以相互转换，即因果图可以转变为相对应的判定表，并且两者都有各自的规则。这两种测试方法过程要求严格，都十分烦琐，但是其思想是十分简单易懂的，所以，像很多书介绍的一样，我们同样提倡使用因果图法的思想（这个思想可以通过等价类表的组合得以实现），但不建议使用其规则，从而达到既使用了其思想，又使用了简单形象的表达方式的目的。有关因果图法和判定表驱动法的详细介绍，读者可自行查阅，有关等价类表的组合，我们将在后面的章节详细介绍。

面对功能测试方法繁杂的局面，如何选择方法，让测试事半功倍是重中之重。

6.3　功能测试指导思想

为了达到功能测试的目标，以最小的代价测出更多问题，仅使用某一类方法不能完全满足这一要求。这就需要总结出一套行之有效的功能测试最佳实践的方法理论，来指导测试人员如何使用相关的测试方法进行功能测试，并达到功能测试的目标。

本节先介绍功能测试的具体方法。

6.3.1　过往功能测试指导思想的弊端

为什么会提出指导思想这个概念呢？因为虽然功能测试的测试方法很多，且每一种方法都可以提供一组具体且有用的测试用例，但是都不能单独提供一个完整的测试用例集。换句话说，每种方法都各有自己的优劣，只用一种测试方法必定无法满足覆盖所有功能的要求，于是提出指导思想这个概念，意在将几种测试方法以合理的顺序组合起来，从而达到覆盖所有功能的测试要求。

有的研究提出了测试策略的概念，顾名思义，就是指导测试的策略，这与测试指导思想有异曲同工之妙。但该概念的应用并不普遍，这一点从其在不同的资料中出现的频率也可以看出。既然如此，我们采用指导思想这一概念代替。本章的主要内容便是讲述我们提出的测试指导思想，在这之前，首先分析以往指导思想的弊端。

以往的指导思想如下。

（1）如果规格说明中包含输入条件组合的说明情况，应首先使用因果图分析方法。

（2）在任何情况下都应使用边界值分析法。应记住，这是对输入和输出边界进行的分析。边界值分析可以产生一系列补充的测试条件，但是，多数甚至全部条件都可以被整合到因果图分析中。

（3）应为输入输出确定有效和无效等价类，在必要的情况下对上面确认的测试用例进行补充。

（4）使用错误猜测技术增加更多的测试用例。

（5）针对上述测试用例集检查程序的逻辑结构。应使用判定覆盖、条件覆盖、判定/条件覆盖或多重条件覆盖准则（最后一个最为完整）。如果覆盖准则未能被前4个步骤中确定的测试用例所满足，并且满足准则也并非不可能（由于程序的性质限制，某些条件的组合也许是不可能实现的），那么需要增加足够数量的测试用例，以使覆盖准则得到满足。

毫无疑问，以上的指导思想是合理的，但同时也是不负责任的。因为把以上的指导思想概括之后就是：要将等价类划分、边界值分析、错误猜测技术、因果图法、逻辑覆盖的方法相互组合对系统进行测试。这虽然很合理，但是十分宽泛，仅仅提出要组合的方法以及在什么情况下组合，并没有明确指出组合的方式（或者说组合的顺序）。另外，该指导思想使用了很多被时下抛弃的测试方法，这些方法大多十分复杂。对这些方法的分析在1.2节中已经讲过。

在此背景下，我们总结出了各种测试方法的组合方式，即功能测试的指导思想。

6.3.2　以"二八定律"为目标的功能测试指导思想

为了解决以往的功能测试指导思想不能覆盖所有功能的测试要求的弊端，我们提出了以"二八定律"为目标的功能测试指导思想，在该功能测试指导思想的指导下，花费20%的力气可以测出80%的问题。

在讲功能测试指导思想之前，我们需要对其中提到的全新的功能测试方法——流程图法进行详细的解释。

　　流程图法的原型是流程分析法，是从白盒测试设计方法中的路径覆盖分析法借鉴而来的一种很重要的方法。在白盒测试中，路径就是指函数代码的某个分支组合，路径覆盖法需要构造足够的用例来覆盖函数的所有代码路径。在黑盒测试中，若将软件系统的某个流程看成路径的话，则可以针对该路径使用路径分析的方法设计测试用例。

　　对流程分析法的步骤进行完善修改，得到流程图法的具体实施步骤如下。

　　（1）画出初始流程图。

　　（2）根据流程图中的判断条件和系统逻辑，进行功能模块的划分。

　　（3）确定测试路径。

　　（4）选取测试数据，构造测试用例。

　　需要说明的是，流程分析法中提到状态节点和条件分支的定义，这里没有再提，提炼其思想就是以流程图中的判断条件为中心，根据系统的逻辑进行模块的划分，具体的实践将在后面的章节进行。

　　采用流程图法设计测试用例的好处如下。

　　（1）降低了测试用例设计的难度。即只要清楚程序流程、看懂程序流程图，就可以设计出质量较高的测试用例。

　　（2）在测试资源紧张的情况下，可以据此有选择地执行测试用例，而非全部依靠经验进行取舍。

　　功能测试指导思想概述如下。

　　（1）全面了解系统的逻辑，画出系统流程图。

　　（2）根据系统流程图划分系统的功能模块。

　　（3）对每个模块进行等价类划分和边界值分析。

　　（4）将所有等价类和边界值进行组合，得到测试路径。

　　（5）代入数据，形成测试用例，实施测试。

　　其中，等价类划分和边界值分析方法已经在 1.1.3 节中介绍过了。

6.3.3　根据"二八定律"的指导思想设计用例的步骤

　　指导思想就是复杂的测试流程的概括，要进行具体的测试，还要添加必要的步骤，才能得到详细的测试用例的设计过程,而测试的过程就是设计并运行测试用例的过程。

用例设计的步骤如下。

(1)全面了解系统的逻辑,画出初始系统流程图。

(2)对系统流程图进行功能模块的划分,并对每个模块分别进行等价类分析,得出初始等价类表。

(3)对每个模块进行边界值分析,补充初始等价类表,得到等价类表。

(4)将等价类表中的每个等价类的序号标注在流程图中,得到系统流程图。

(5)根据系统流程图得到测试路径。

(6)将测试路径转化为测试数据的输入输出,套用测试用例的模板,形成测试用例。

6.4 基于"二八定律"的功能测试指导思想的最佳实践

6.4.1 案例简介

本案例中的 GPRS 实时监控系统是功能测试的主要对象,销往各地的产品通过内嵌的芯片以指令的形式上传大量产品的信息,用于检测产品是否正常运行。其中产品信息通过 Socket 服务器接收,并且其中的目标信息(过滤一些无用信息)被同步输入系统数据库和 MongoDB 数据库,用于之后的网页端显示等。

涉及的主要逻辑有指令的接收判断和数据的同步。其中上传的指令可大体分为两种,即数据指令和心跳指令。数据指令是用来保存并检测产品的指令;心跳指令是判断芯片和 Socket 端正常连接所必要的,接收到心跳指令不用关注收到的具体内容,而是立即返回这些内容以证明连接正常。Socket 端接收到信息后会立即将信息存入系统数据库,并尝试与 MongoDB 数据库同步,所有同步信息首先存入实时表中,同步过程发生错误会终止当前内容的同步,已经同步的内容会存入历史表中,实时表中剩余的未同步的内容不断尝试向历史表中同步,直至所有信息进入历史表中,即系统数据库与 MongoDB 数据库同步完成。

6.4.2 画流程图

在已经全面了解系统逻辑的前提下,使用画图工具(工具可自行选择,这里推荐微软的 Visio)画出初始的系统功能流程图。这里根据前面对被测系统的介绍,画出案例系统的流程,如图 6-1 所示。

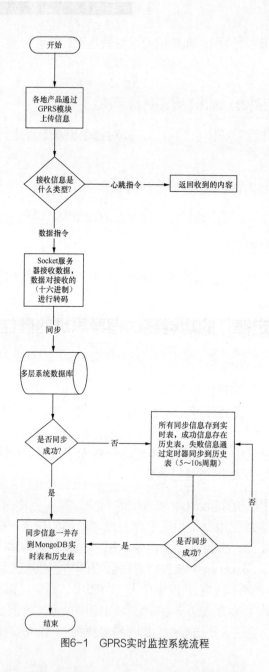

图6-1　GPRS实时监控系统流程

6.4.3　划分模块，进行等价类划分，形成初始等价类表

　　首先根据功能点对模块进行划分，每个模块一个表，然后对划分的每个模块依照前面介绍的等价类方法进行等价类划分，便于后面对等价类的使用。之后对每个等价类进行编号，如表 6-1 和表 6-2 所示。

表 6-1　Socket 服务器接收信息模块

输入条件	有效等价类	编号	无效等价类	编号
接收信息	心跳指令	1	其他	3
	数据指令	2		

表 6-2　MongoDB 和数据库同步模块

输入条件	有效等价类	编号	无效等价类	编号
MongoDB 内容与数据库同步	同步成功,同步信息一并存到实时表和历史表	1	同步失败,同步信息存到实时表,成功信息存到历史表	4
MongoDB 内容与数据库同步失败,实时表中的失败信息同步到历史表	同步成功,实时表中的失败信息同步到历史表	2	同步失败,实时表中的失败信息未完全同步到历史表	5
实时表中的失败信息未完全同步到历史表中,实时表中的失败信息同步到历史表	同步成功,实时表中的失败信息同步到历史表	3	同步失败,实时表中的失败信息未完全同步到历史表	6

6.4.4　边界值分析,补充完善等价类表

根据边界值法分析和等价类划分的原则,本系统的等价类并非范围的、连续的,而是单个的、离散的,所以每个等价类同时可以作为自身的边界值。例如,在表 6-1 中,接收的指令只有两种,这是根据等价类划分得到的,同时也是边界值分析得到的。

6.4.5　由等价类表得到改良流程图

根据完善后的等价类表和第一步得到的流程图,借鉴白盒测试的逻辑覆盖方法(逻辑覆盖相关的方法:条件组合覆盖就是设计足够的测试用例,运行被测程序,使得每个判断的所有可能的条件取值组合至少执行一次;路径覆盖就是设计足够多的测试用例,覆盖程序中所有可能的路径)得到如下测试路径。

编号 01: 1

编号 02: 2

编号 03: 3

编号 04: 2->(1)

编号 05: 2->(2)

编号 06: 2->(2)->(3)

编号 07: 2->(2)->(4)

编号 08: 2->（2）->（4）->（3）[测的还是（3）路径]

注：其中也可以对每一次进行的测试进行排列组合，根据最基本的覆盖（即实现所有功能），测试所有功能模块及其组合一次，表 6-1 和表 6-2 已经可以完成。每一次的测试组合针对某些特殊的代码进行，试想每一次信息接收完毕或者同步结束代码回到相同的初始状态，所以每一次测试的组合实际是没必要的，但是代码的逻辑无法确定时或许还要进行测试。

改良后的 GPRS 实时监控系统流程如图 6-2 所示。

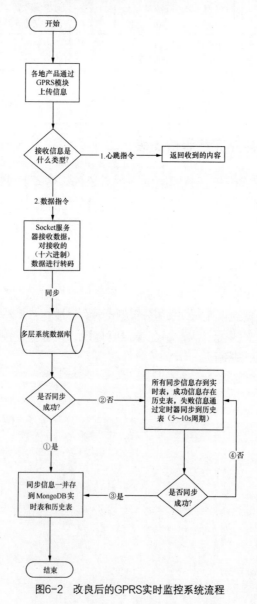

图6-2 改良后的GPRS实时监控系统流程

6.4.6 代入数据，形成用例

测试用例相关表格如表 6-3 ～表 6-9 所示。

表 6-3 测试用例模板

项目名称	某系统	
程序版本	v-2.0.0	
编制人／编制时间	xxx／2017-8-1	
用例编号	JSXX_001（编号方式：功能模块＋编号）	
功能模块	Socket 服务器接收信息模块	
功能描述	测试 Socket 端接收心跳信息	
用例目的	测试 Socket 端是否能够接收心跳信息并返回接收到的信息	
测试类型	功能测试	
前提条件	网络连接，产品 GPRS 模块工作并上传心跳信息	
测试方法与步骤	输入	上传心跳信息
	期望输出	返回输入的心跳信息
测试结果		
功能完成	是□ 否□	
备注	该用例模板作为样板，信息最为齐全，可在所有用例中只使用一个，其他用例为避免烦琐只保留关键部分（如表 6-4 等），在测试结果中填写实际结果，将实际结果与预期比对，确定功能是否实现	

表 6-4 测试 Socket 端接收数据信息

用例编号	JSXX_002	
功能描述	测试 Socket 端接收数据信息	
用例目的	测试 Socket 端是否能够接收数据信息并进行转码，然后将信息正常存储在 MongoDB	
测试类型	功能测试	
前提条件	网络连接，产品 GPRS 模块工作并上传数据信息	
测试方法与步骤	输入	上传数据信息
	期望输出	存储到 MongoDB 中
测试结果	Socket 端能在 MongoDB 中正常存储数据信息	
功能完成	是	

表 6-5　测试 Socket 端忽略其他信息

用例编号	JSXX_003	
功能描述	测试 Socket 端忽略其他信息	
用例目的	测试 Socket 端是否能够过滤其他垃圾信息	
测试类型	功能测试	
前提条件	网络连接，产品 GPRS 模块工作并上传其他信息	
测试方法与步骤	输入	上传其他信息（非心跳、非数据）
	期望输出	过滤忽略信息
测试结果	无异常输出（证明过滤其他信息）	
功能完成	是	

表 6-6　测试 MongoDB 能否一次同步到多码系统数据库

序号	SJTB_004	
功能描述	测试 MongoDB 能否一次同步到多码系统数据库	
用例目的	测试 MongoDB 能否直接成功同步到多码系统数据库	
测试类型	功能测试	
前提条件	网络连接，产品上传的数据信息同步到 MongoDB 中	
测试方法与步骤	输入	产品上传的数据信息同步到 MongoDB 中
	期望输出	同步到多码系统数据库中
测试结果	MongoDB 中的成品信息同步到多码系统数据库	
功能完成	是	

表 6-7　测试 MongoDB 一次同步到多码系统数据库失败

序号	SJTB_005	
功能描述	测试 MongoDB 一次同步到多码系统数据库失败	
用例目的	测试一次同步到多码系统数据库失败后，是否所有信息都存入实时表，成功信息存到历史表，并且实时表中的失败信息不断尝试向历史表中同步	
测试类型	功能测试	
前提条件	网络连接，产品上传数据信息同步到 MongoDB 一次失败	
测试方法与步骤	输入	产品上传数据信息同步到 MongoDB 一次失败
	期望输出	所有信息存到实时表，成功信息存到历史表，并且实时表中的失败信息不断尝试向历史表中同步
测试结果	在实时表中存储所有上传信息，在历史表中存储成功信息，失败信息不断刷新，尝试向历史表中存储	
功能完成	是	

表6-8　测试实时表中失败信息同步到多码系统数据库成功

序号	SJTB_006	
功能描述	测试实时表中失败信息同步到多码系统数据库成功	
用例目的	测试一次同步到多码系统数据库失败后，实时表中的失败信息向历史表中一次同步成功	
测试类型	功能测试	
前提条件	网络连接，产品上传数据信息同步到 MongoDB 一次失败，所有信息存到实时表，成功信息存到历史表，并且实时表中的失败信息不断尝试向历史表中同步	
测试方法与步骤	输入	第一次 MongoDB 与多码系统数据同步失败后，实时表中的失败信息
	期望输出	成功信息存到历史表中，MongoDB 中的所有信息同步多码系统数据库
测试结果	实时表中的失败信息成功刷新并同步到历史表中	
功能完成	是	

表6-9　测试实时表中失败信息一次同步失败和二次同步失败

序号	SJTB_007	
功能描述	测试实时表中失败信息一次同步失败和二次同步失败	
用例目的	测试 MongoDB 与多码系统数据库一次同步失败，实时表与历史表二次同步失败，再次同步失败时系统能否正常保存失败内容到历史表	
测试类型	功能测试	
前提条件	产品 GPRS 模块工作并上传数据信息接收成功，第一次 MongoDB 与多码系统数据库同步失败，第二次实时表与历史表同步失败	
测试方法与步骤	输入	第二次实时表与历史表同步失败后，实时表中的失败信息
	期望输出	成功信息存到历史表，所有信息存到实时表
测试结果	经过一次失败后，再次同步失败，实时表存储所有上传信息，历史表存储成功信息	
功能完成	是	

自动化功能测试

7

在前面两章中，我们已经明确了功能测试的定义以及指导思想，也知道作为软件测试中不可缺少的部分，功能测试所占的比重是很大的。随着测试技术的不断提升，传统的手动性功能测试已经不能满足我们短耗时、高效率的测试要求，尤其是在烦琐复杂的大型项目测试中。于是基于自动化的功能测试应运而生，它的出现节省了大量的人力和时间开销，极大地释放了测试资源。那么什么是自动化测试？自动化测试又该如何使用？本章将针对功能测试的指导思想和用例设计，基于自动化测试的环境，进行讲解并用实例实现自动化测试。

7.1 功能测试与自动化

7.1.1 自动化功能测试简介

标题中出现的"自动化测试"或许对于刚接触软件测试的人来说还很陌生，其实自动化测试并不是一种新的测试类型，它是软件测试行业中一个耳熟能详的术语（一个绝大部分测试人员的奋斗目标，一种甚至能牵动未来测试界发展速度的技术），代表着一项新的测试技术。它不需要测试人员手动编写测试用例和执行测试环节，取而代之的是由一系列自动化工具来达到相同的测试目的，这样的优势就在于以程序测试程序，以代码代替思维，以运行脚本代替手工测试。自动化测试极大缩短了测试的时间，降低了测试的成本，提高了测试的整体效率。可以说自动化测试是软件测试中起关键作用的技术，而且自动化测试也随测试类型的不同有着具体的不同叫法，比如本章我们将学习的自动化功能测试，以及后面大家会接触的性能测试、压力测试等。

那么如何真正理解自动化测试的含义，它和功能测试又有什么异同？带着这两个问题，我们回到上一章所提到的黑盒测试中来。先来看一下功能测试的定义：用于验证产品特性和可操作行为是否满足设计需求。在实际的软件测试中，功能测试只需要考虑被测软件的各个功能，而不需要考虑整个软件的内部结构及代码。

通过定义我们可以清晰地认识到：功能测试时将程序看作了一个整体，不关心其内部结构，也不去关心真正的实现过程，只在乎输入的条件和输出的结果是否对应。这样一来被测的程序就犹如一个封闭的盒子，所有的零件已经在这个盒子中组装好，但是我们却看不见，由此才衍生出了"黑盒"的概念。广义上讲黑盒测试可以称为功能测试，但很多人对二者的理解存在分歧，认为它们是等价的，其实不然。那么它们的区别在哪里呢？

在上一章中，我们了解了黑盒测试的概念，也掌握了各种测试方法，比如等价类划分、流程图画法、边界值分析等，可以利用这些方法进行测试用例的规划。这时就到了需要大家注意的地方，在介绍如何编写用例之前一直没有出现功能测试的字眼，而是由黑盒来替代，之后根据用例引出了功能测试的指导思想和具体实践。在这中间，测试用例扮演了必不可少的角色，它由黑盒测试的思想生成，又通过功能测试的方法实现，将二者紧密串联了起来。这里的功能测试就相当于黑盒测试的具体化。如果以面向对象的思想来理解的话或许更易懂，黑盒测试就如同一个抽象类，功能测试就是它的一个具体实例，虽然可以拥有它所有的属性却不能拥有它的名字。如果大家能理解到这一点，那么再去理解随后的自动化测试和功能测试的关系就会容易得多。

自动化测试是功能测试下的一个分支，类似黑盒测试和功能测试的包含关系，自动化测试可以做功能测试的大部分工作，但不能完全和其划等号。基于目前测试技术的限制，自动化所不能实现的功能测试缺口都要通过手工来完成，由此才有了传统的手工测试和自动化测试的对立关系。手工测试的权重目前虽然逐渐被淡化，但是在很多方面仍然不可或缺。

下一节将具体介绍目前手工测试相较于自动化测试的优劣和异同。

7.1.2　手工测试的优劣

1．手工测试的定义

手工测试，就是需要我们人为地去一个一个地输入用例，然后手动地去观察结果，属于比较原始但也是必不可少的一个测试方法。

2．手工测试的核心

既然需要人去录入测试用例，那么最重要的肯定是测试用例的设计了，有一个好的测试用例配上一个好的思想，那么测试就成功了一半。我们在第1章详细介绍了手动实现黑盒测试的方式，而且运用了具体的实例来分析了每种方法的联系和区别。

3．需要手工测试的场景

（1）如果某项测试工作很难采用自动化测试完成甚至根本就无法采用自动化测试完成的话，我们就需要另辟蹊径，选择最原始但是最实用的手工测试了。例如：在程序执行的关键时刻，我们断开了它的网络连接，为了验证程序处理错误的能力，这时就可以采用手工测试。

（2）在我们的功能测试的设备还不够完善的时候、在技术水平不足以及时间资源不足的驱使下，我们需要用手工测试。

（3）如果自动化测试的回报率太低的话，我们也可以用手工测试。

综上所述，我们可以明确地了解到，功能测试阶段，我们首选是简单高效的自动化测试，但如果出现以上场景，自动化测试的作用并不明显，要考虑手工测试是否更适用。

7.1.3　自动化功能测试类型

常见的功能测试有如下类型。

（1）链接测试，检测是否按需跳转到指定页面，链接页面是否存在，保证无孤立页面存在。

（2）表单测试，测试提交操作的完整性，以及各信息内容的正确性，如城市和身份是否正确匹配。

（3）数据校验测试，根据特定规则对用户输入进行校验，并保证程序的正确调用。

（4）Cookies 测试，检查 Cookies 是否正常工作、是否正常起作用，以及网页刷新之后对其有何影响。

（5）特定功能测试，按特定功能需求进行测试，如更改订单、核对订单状态。

7.1.4　自动化功能测试流程

自动化功能测试遵循以下流程：编制测试计划→创建测试用例（脚本）→增强测试用例（脚本）→运行测试→分析测试结果。

自动化功能测试的测试计划是根据被测项目的需求和所使用的具体工具制定的，用于指导测试的全过程。

创建测试脚本、增强脚本的功能、运行测试以及分析测试结果是和测试工具的选取有关的。总体来说，功能测试对于测试工具的选取不是唯一的，而是综合考虑的。

7.1.5　自动化测试原理

1. 自动化测试的分类

自动化测试可以概括为两大类：动态测试和静态测试（也就是白盒和黑盒）。类别不同其自动化测试含义也不同，以下为详细介绍。

（1）黑盒测试自动化：黑盒测试的定义通俗易懂，是指通过特定的工具来模拟软件的操作过程或操作行为，然后对软件所做出的反应或输出的结果进行检查或验证，通过与用例需求进行比对来校正我们的软件。

（2）白盒测试自动化：白盒测试，是按照代码规范和软件开发的最佳实践建立各种代码规则，然后依据这些规则对代码进行自动扫描，来发现和规则不匹配的各种问题。

2. 适用范围

（1）回归测试：回归测试是自动化测试的强项，它能够很好地验证是否引入了新的缺陷，老的缺陷是否已经得到了修改。所以在某种程度上也可以把自动化测试工具叫作回归测试工具。

（2）重复性测试：自动化测试最适用于多次重复的、机械性的动作，这样的测试对这些动作来说从不会失败，而且省时省力。

（3）频繁运行测试：在一个项目中需要频繁地运行测试，测试周期按天算，能最大限度地利用自动化测试。

7.2　自动化测试工具QTP

7.2.1　QTP技术简介

1．QTP到底是什么

QTP 是一个用于功能测试的自动化工具，可帮助测试人员完成软件的功能测试，并覆盖手工测试用例。

2．QTP的作用

使用 QTP，我们可以模仿程序的真实操作，可以发现一些未知的错误，并减少手工测试中的循环冗余操作，节省测试所占的时间比重，弥补手工测试的不足，减少测试环节的开销。

QTP 有以下 5 个特点。

（1）QTP 提供了很多插件，如 .NET、Java、SAP 等，分别用于各自类型的产品测试。

（2）QTP 支持的脚本语言是 VBScript，这很容易上手。VBScript 毕竟是松散的、易操作的脚本语言。后文中我们会具体介绍。

（3）QTP 提供 Excel 形式的数据表格 DataTable，可以用来存放测试数据或参数。

（4）QTP 默认为每个 test 提供一个测试结果，包括 Passed、Failed、Done、Warning 和 information 几种状态类型。

（5）采用关键字驱动的理念以简化测试用例的创建和维护。可自动生成功能测试或者回归测试用例。

7.2.2　自动化测试工具对比

我们为什么选择 QTP 作为功能测试的工具呢？必然事出有因，下面列出了市场中的几个功能测试工具，并对彼此的优劣进行分析。

1．WinRunner

在 QTP 未出现之前，WinRunner 是 Mercury 公司的主要产品，但是随着 Web 应用的盛行，只能基于窗体程序测试的 WinRunner 显得力不从心，所以之后 Mercury 公司推出了它的加强版——QTP。之后 WinRunner 退居二线并停止了版本的更新，时至今日，已经基本在测试产品中消失。

2. Robot

Robot 是提供基于业界开放标准的开发工具，包括移动电话和医疗系统等设备使用的嵌入式软件，并同时集成了测试功能。但是该工具的主要功能在开发上，测试功能相对薄弱。

3. Selenium

Selenium 是一款全免费的自动化测试框架，由思特沃克（ThoughtWorks）公司出品，名字的灵感起源于化学元素中的"硒"，与 QTP 对应的"汞"相对，意在挑战 QTP 的霸主地位。Selenium 支持多语言的脚本开发，如今在国内外日益普及，很有发展潜力。但是其版本目前只更新到 2.0，且只支持 Web 测试。笔者目前也在关注这款产品，并且会在后文中详细介绍。

4. TestComplete

TestComplete 在早期是一款专门针对 Delphi 应用程序进行自动化测试的工具，脚本可以使用 Delphi、VB、.NET 等多种语言开发。但是随着 QTP 等一系列大型功能测试工具的诞生，TestComplete 公司迫于财政的压力，不得不将目光放在竞争力相对较小的性能测试和压力测试上。目前 TestComplete 虽然损失了往日的市场份额，但仍有一席之地。

各大功能测试工具的市场占有率如图 7-1 所示。

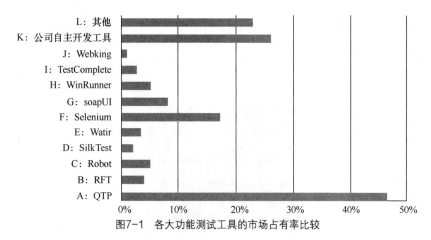

图7-1　各大功能测试工具的市场占有率比较

综合以上因素，本着择优录取的原则，我们选择 QTP。

7.2.3　测试方向

1．测试方向

QTP 的测试方向主要有两类：一是 Web 网页测试，二是基于 Windows 窗体的测试。

2．测试内容

（1）Web 测试

Web 测试所占比重比较大，因为一个网站的复杂与否直接决定了测试工作的烦琐程度。QTP 提供了针对 Web 测试的多种功能性插件，可以实现的 Web 测试内容包括链接测试、表单测试、关键字测试、Cookies 测试、数据库测试等。

（2）窗体测试

窗体测试主要用来检测客户端软件的各种功能，以及鼠标单击事件是否能够正常实现。窗体测试还有一个重要的功能是检验控件的稳定性及正确性。这个功能可以通过 QTP 自带的各种插件来对号入座。

3．流程

QTP 进行功能测试的流程：制订测试计划——>创建测试脚本——>增强测试脚本的功能——>运行测试——>分析测试结果。

7.2.4　QTP的安装配置

要安装 QTP，首选需要到官方网站下载相应版本的安装包，要注意在 QTP8.0 之后（被惠普收购）已更名为 UFT。这里我们以 UFT 11.50 为例来详细介绍其具体的安装配置。

（1）下载 UFT 11.50 安装文件，解压安装包之后，单击 setup.exe 进入安装首页，单击第一项，如图 7-2 所示。

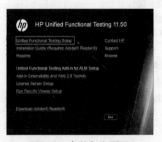

图7-2　安装包主页面

（2）接着会提示安装一些组件，此处安装程序会自动判断需要安装哪些组件，单击"确定"按钮将自动安装，如图 7-3 所示。

图7-3 自动判断需要安装的组件

（3）等待组件安装完毕后，一直单击"Next"按钮，这期间记住需要选择适合的插件进行安装。

UFT/QTP 默认只选择 ActiveX Add-in\Visual Basic Add-in\Web Add-in 这 3 个插件，如图 7-4 所示。

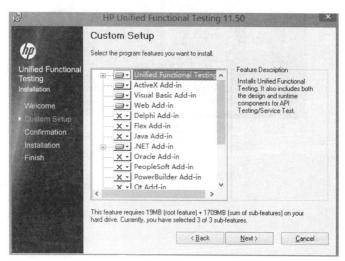

图7-4 可选安装组件

（4）安装过程如图7-5所示。

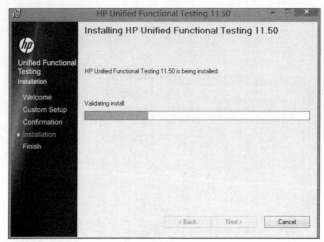

图7-5　软件安装过程

（5）安装完毕后，打开QTP，会出现一张UFT 11.50的加载状态图（如图7-6所示），第一次打开该文件时可能会有一定的加载时间，加载时间长短由电脑的性能决定，请耐心等待。

图7-6　软件加载状态

（6）选择插件之后即可看到QTP/UFT 11.50的主页面了（如图7-7所示），这里我们是从官方网站下载的英文版本，如果感觉不习惯当前页面，可自行下载该版本的中文破解包。

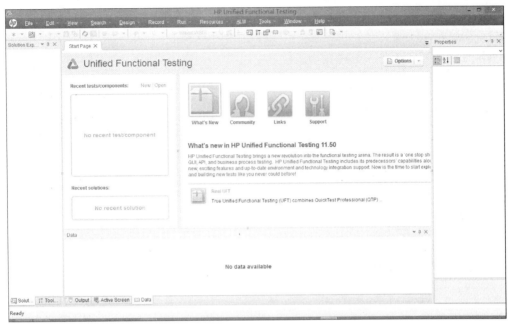

图7-7　程序主页面

7.2.5　QTP的录制和回放

1. 插件加载设置管理

启动 QTP，将显示如图 7-8 所示的插件管理页面。

图7-8　插件管理页面

我们可以根据测试程序的控件类型选择需要加载的插件，例如，QTP 自带的航班预定程序是 Windows 程序，里面的部分控件是 ActiveX 控件。因此，在测试时选择加载 ActiveX 控件，才能正常录制该应用。

2. 录制和测试运行设置

选择要加载的插件，单击"OK"按钮，进入 QTP 的主页面，如图 7-9 所示，其中包括测试视图（关键字视图和专家试图）。

图7-9　QTP的主页面

之后选择菜单栏中的"录制和运行设置"，出现如图 7-10 所示的页面。

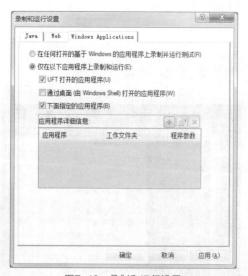

图7-10　录制和运行设置

我们可以选择两种录制方式。一种是在任何打开的程序中录制和测试，这种方式可以录制任何在系统中出现的程序。另一种是"录制或运行时选择特定的程序"，这种方式可以录制有针对性的应用程序，避免录制一些无关紧要的多余页面，该种方式有 3

种设置的用法。

（1）选择" ☑UFT 打开的应用程序(U) "选项，则仅录制和运行由 QTP 调用的程序。

（2）选择" ☐通过桌面 (由 Windows Shell) 打开的应用程序(W) "选项，则仅录制通过开始菜单、桌面快捷方式启动的程序。

（3）选择" ☑下面指定的应用程序(B) "，则可录制和运行添加到列表中的应用程序。单击添加"+"按钮，可添加要录制程序的可执行文件的路径，如图 7-11 所示。

图7-11　指定要录制的程序

3．录制第一个自动化测试脚本

设置成仅录制的"Flight"程序后，选择菜单"自动录制"（快捷键 F3），QTP 将自动启动指定目录下的"Flight"程序（如图 7-12 所示）。然后输入默认的用户名和密码"MERCURY"，单击"OK"按钮，即可录制"Flight"程序的登录过程。

图7-12　程序登录页面

单击"Stop"按钮或"F4"键停止录制，将得到如图 7-13 所示的录制结果。

在专家视图中，可看到录制的测试的操作步骤，每个测试步骤及页面操作都在活动屏幕页面显示出来（如图 7-14 所示）。这样就完成了一个最基本的测试用例的编写，对于录制的测试脚本，我们可以进一步修改，添加各种检测点，增强脚本功能。

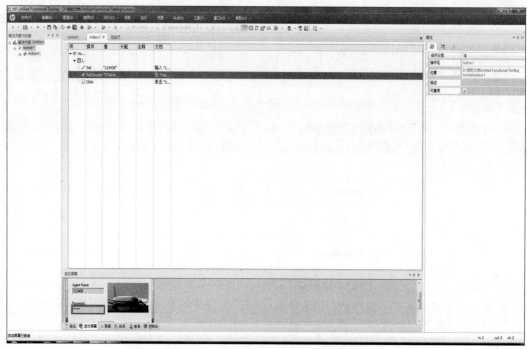

图7-13　登录页面录制结果（开发者视图）

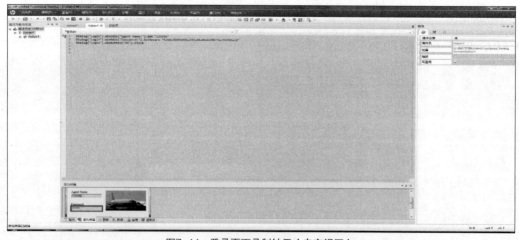

图7-14　登录页面录制结果（专家视图）

7.2.6　增强脚本功能

1. 插入检查点

如果我们要针对某一对象的执行结果进行检验，可以设置检查点。可检查类型包括文字、位图、XML、数据库（数据表）等，每个检查点的执行结果在结果反馈表中都存在相应的记录。另外也可以在测试步骤上单击鼠标右键，在弹出的菜单中选择"添加标准检查点"。

例如，检查图 7-15 中"OK"按钮的属性，在页面中选择需要检查的属性，如选择"enabled"属性，值设置为"True"；选择"text"属性，值设置为"OK"。

图7-15　添加标准检查点

单击"OK"按钮后，则可以在开发者视图中看到新添加的检查点步骤，如图 7-16 所示。

图7-16　检查点所在位置

2．插入测试步骤

在输入密码前，如果我们需先单击"Help"按钮查看帮助，这时我们就需要加入单击"Help"按钮的测试步骤。首先定位到输入用户名的步骤，然后单击鼠标右键，在弹出的菜单中选择"插入步骤"，则出现如图 7-17 所示的页面，选择"步骤生成器"，会有 3 种生成类型。

（1）测试对象：基于被测程序的页面上的控件元素插入测试步骤。

（2）工具对象：在 QTP 内建的各种编写测试脚本工具类对象中建立测试步骤，一般用来设置断点。

（3）函数对象：包括插入一些 object 函数、内建函数，或者本地脚本函数，如插入 for 循环来实现迭代操作。

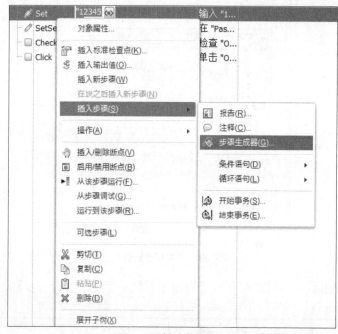

图7-17 插入步骤页面

在这里，我们选择测试对象，然后单击"对象"下拉框旁边的图标按钮，将出现选择对象页面，接着在页面中选择"Help"对象，单击"OK"按钮，并在"Operation"的下拉框选择"Click"，单击"确定"按钮，步骤便添加完成。

3. 捕捉对象

如果在可供选择的对象列表中没有保存我们需要的对象，可以单击页面中的手型按钮""（对象侦查器），然后移动到 Flight 程序的"Login"页面，按住"Ctrl"键不放，从中选择对象"Help"按钮，这时会出现如图 7-18 所示的页面，单击"确定"按钮，就可以把"Help"按钮添加到测试对象列表中。

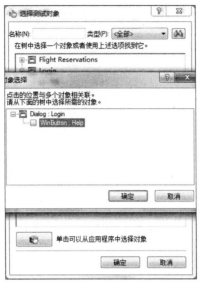

图7-18　手动抓取并添加对象

单击"Insert"按钮，返回开发者视图，可看到新的测试步骤已经添加，如图 7-19 所示。

图7-19　对"Help"按钮添加单击操作

4. 在专家视图中编辑测试脚本

专家视图是一个强大的 VBScript 的脚本编辑器，在这里，可以直接编写测试脚本的代码，进行描述性编程。专家视图适合熟悉 VBScript 语言、掌握了较好编程技巧的自动化测试工程师使用。QTP 提供的脚本编辑器支持"语法感知"功能，例如，在代码中输入 Dialog（"Login"）后加点，则自动显示一个下拉列表，从中可选取"Login"测试对象所包含的所有属性和方法，如图 7-20 所示。

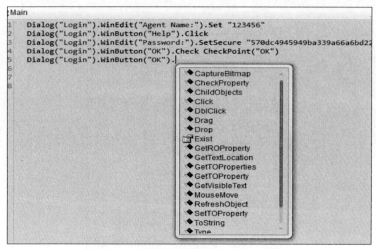

图7-20　专家视图中的"语法感知"功能

5．调试测试脚本

（1）语法检查

选择菜单"工具 | 语法检查"，或通过单击工具栏中的" ▷ "按钮，或按"Ctrl+F7"组合键对测试脚本进行语法检查，若语法检查通过，则在控制台页面显示提示信息，如图7-21所示。

图7-21　语法检查

（2）设置断点

语法检查通过后，可以直接运行代码，也可以设置断点对脚本进行调试。可以通过快捷键"F9"，或单击代码所在行的边框设置断点，如图 7-22 所示。

图7-22　设置断点

6. 运行测试

在语法检查和调试都无误后，可以按 **F5** 键运行整个测试脚本。我们也可以在运行脚本前进行一些参数的设置：选择菜单"工具 | 偏好"，出现如图 7-23 所示的页面，在这里可以选择运行速度以及运行完之后的测试。

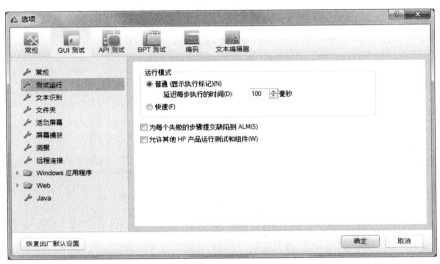

图7-23　运行测试之前的参数设置

7. 分析测试结果

（1）选择测试结果的存放位置

在 QTP 中，运行测试脚本，会出现如图 7-24 所示的对话框。如果选择"指定运行报告存储位置"，则可以为本次测试选择一个目录用于存储测试结果文件；如果选择"临时存储位置"，则 QTP 会将运行测试结果放在默认目录中，并且覆盖上次该目录中的测试结果。

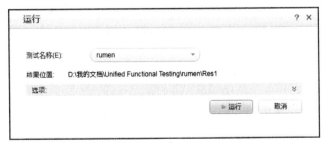

图7-24　设置测试结果文件的存储位置

（2）查看概要测试结果

测试脚本运行结束后，可在如图 7-25 所示的页面中查看测试结果反馈报告，包括测试的名称、测试的开始和结束时间、运行的迭代次数、通过的状态等。

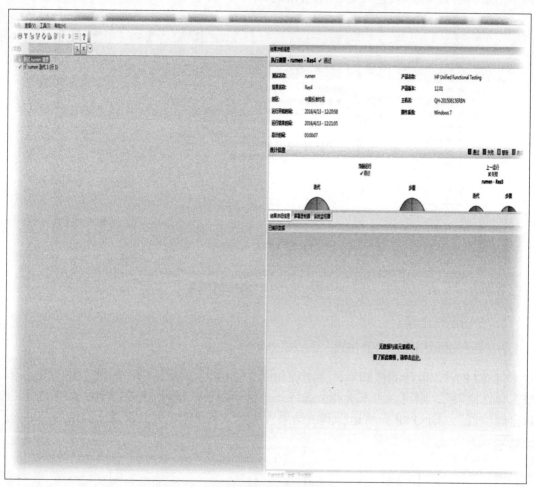

图7-25　测试结果反馈报告

（3）查看检查点的执行结果

测试结果的左边窗口用树形结构展示了所有测试步骤，如果选择节点 "Checkpoint 'OK'"，则可以看到如图 7-26 所示的结果。

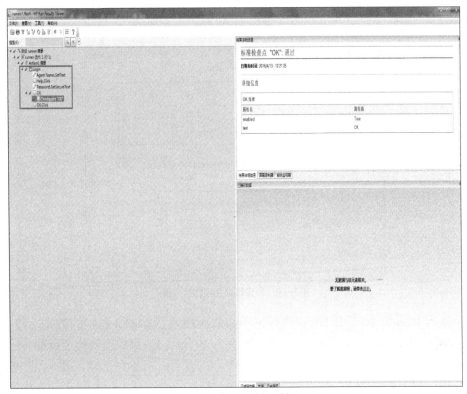

图7-26　检查点的执行结果

7.2.7　QTP数据化操作

QTP支持多种数据源的导入，我们只需要在实测之前指定数据类型和位置，QTP便会自动导入数据仓库，供迭代操作使用。下面就以百度搜索栏为例进行介绍。

（1）在"Global"表中输入多行数据，以百度搜索栏为例，修改脚本，如图7-27所示。

图7-27　数据化窗口

（2）打开"File"菜单下的"Test Settings"项，设置"Run"的各项参数，如图 7-28 所示。

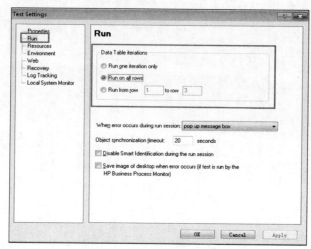

图7-28　设置数据化操作的范围

（3）运行 Run 脚本，可以看到执行过程中依次搜索了 Global 表中的数据，打开"Last Run Results"，可以看到每次迭代的结果（如图 7-29 所示），每次迭代检查点都有记录。

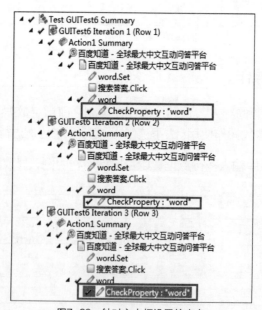

图7-29　针对文本框设置检查点

（4）选中"Global"表中有数据的行，在右键菜单中选择"Delete"项删除这些行，如图 7-30 所示。

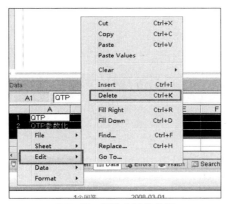

图7-30 删除有数据的行

注意，即便不小心删除了表格中的内容，有黑线的行仍是 3 行（如图 7-31 所示），还是会迭代 3 次。

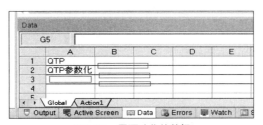

图7-31 需要迭代的数据

（5）在 Action1 表中输入多行数据并修改脚本，可以看到专家视图下的参数列表，如图 7-32 所示。注意：这里的脚本和使用"Global"表时的不同，具体请参考图 7-32，注意观察 Data 的变化。

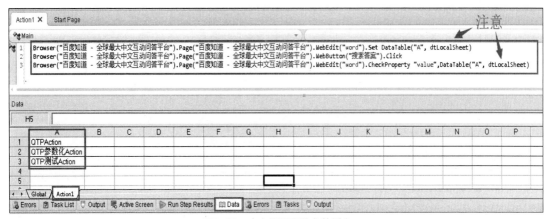

图7-32 专家视图下的参数列表

（6）选择"View"菜单下的"Test Flow"，如图 7-33 所示。

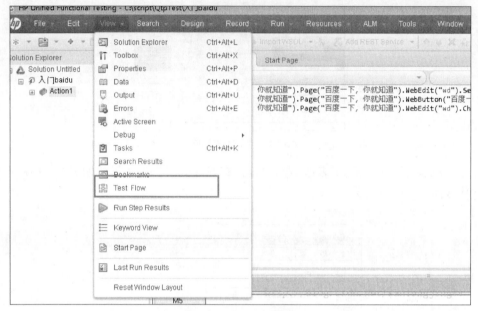

图7-33　Test Flow视图

然后右键单击 Action1，在弹出的菜单中选择"Action Call Properties"，如图 7-34 所示。

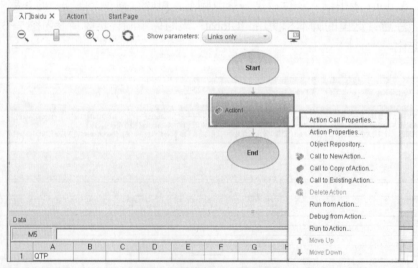

图7-34　对指定Action添加属性

设置迭代次数，如图 7-35 所示。

图7-35 设置迭代次数

（7）运行脚本，可以看到执行过程中依次搜索了 Action1 表中的数据，打开"Test Run Results"即可查看结果。

7.2.8 QTP描述性编程

相信很多人在学习 QTP 的过程中都会接触到"描述性编程"这个新名词，那么它究竟是什么含义呢？又能够用来做些什么？

其实 QTP 的描述性编程就是将通过脚本直接录制生成的代码通过手动的方式重写一遍，这样一来，能够摆脱测试对象库的限制，编制出更为复杂、适应力更强的测试脚本。而且，虽然录制方式的测试脚本创建是最简单和快捷的，但是它带来的问题也是明显的，那就是依赖测试对象库，测试脚本中使用的对象都必须是测试对象库中的对象。

1. 什么时候使用描述性编程

在测试过程中，有些页面元素是动态出现或动态变化的，在录制的时候并没有添加到对象库，这时需要使用描述性编程。

2. 描述性编程的运行原理

当用描述性编程编写的测试脚本运行时，QTP 会使用测试脚本中给出的对象描述来查找对象，QTP 在进行查找时，查找的位置不是对象库，而是在测试程序运行时，与 QTP 为其创建的临时对象版本进行匹配。

3. 描述性编程的使用方法

（1）直接描述的方法，具体如下面的代码所示。

```
TestObject("PropertyName1:=PropertyValue1","...")
```

（2）使用内置的 Description 对象。这里我们举一个简单的例子，首先请看通过 QTP 脚本录制出来的源代码段，如下所示。

```
Browser("百度一下，你就知道").Page("百度一下，你就知道").Link("新 闻").Click
    If Browser("百度一下，你就知道").Page("百度新闻搜索——全球最大的中文新闻平台").Exist
Then
    reporter.ReportEvent micPass,"新闻链接有效性测试","新闻链接有效"
    else
    reporter.ReportEvent micFail,"新闻链接有效性测试","新闻链接无效"
    End If
    Browser("百度一下，你就知道").Page("百度新闻搜索——全球最大的中文新闻平台").Sync
    Browser("百度一下，你就知道").CloseAllTabs
```

那么如果用描述性编程的第一种方法重新编写一遍的话，便简化成下面的代码。

```
Browser("百度一下，你就知道").Page("百度一下，你就知道").Link("text:=新 闻").Click
    If Browser("百度一下，你就知道").Page("百度新闻搜索——全球最大的中文新闻平台").Exist
Then
    reporter.ReportEvent micPass,"新闻链接有效性测试","新闻链接有效"
    else
    reporter.ReportEvent micFail,"新闻链接有效性测试","新闻链接无效"
    End If
    Browser("百度一下，你就知道").Page("百度新闻搜索——全球最大的中文新闻平台").Sync
    Browser("百度一下，你就知道").CloseAllTabs
```

注意，此时对象库中的"新闻"对象已删除。

如果采用第二种方法，则编写如下。

```
Set news=Description.Create
    news("text").value="新 闻"
    news("html tag").value="A"
    Browser("百度一下，你就知道").Page("百度一下，你就知道").Link(news).Click
    If Browser("百度一下，你就知道").Page("百度新闻搜索——全球最大的中文新闻平台").Exist
Then
    reporter.ReportEvent micPass,"新闻链接有效性测试","新闻链接有效"
    else
    reporter.ReportEvent micFail,"新闻链接有效性测试","新闻链接无效"
```

```
End If
Browser("百度一下, 你就知道").Page("百度新闻搜索——全球最大的中文新闻平台").Sync
Browser("百度一下, 你就知道").CloseAllTabs
```

4. 描述性编程的特点

如果在测试对象层次结构的某一点开始使用了描述性编程，则该测试对象层次结构下的后续测试对象都要使用描述性编程的方式来描述对象，如图 7-36 所示。

图7-36 测试对象层次结构

7.2.9 QTP案例实测

我们已经在前面几章中详细介绍了 QTP 的一些基础功能的用法，以及如何进行一个简单的测试。那么如何在实际项目中运用 QTP 来进行自动化功能测试呢？这里我们用为基于 Web 开发的冰柜监测项目结合 QTP 测试工具来作一个简单的介绍。这里还需要用到的辅助知识包括第 1 章我们所介绍的黑盒测试方法以及如何编写测试用例。

下面我们选用 Web 监测系统进行功能测试。正式测试之前，首先我们来分析一下整个系统的结构，如图 7-37 所示。

图7-37 系统主要功能

可以看出，该系统大致分为以下几个模块。

（1）登录模块：实现用户登录功能，功能结构简单。

（2）管理模块：管理员工、管理条码组合等。

（3）数据存取模块：导入表格、导出表格等。

（4）GPRS 模块：此模块的功能较为烦琐和重要，以 GPS 定位为核心。

（5）商务管理模块：它存储的信息都和 GPRS 模块有联系，并且和管理模块也有关系，所以单独归为一个模块。

这里为了保证浏览器的正常兼容，以及 QTP 脚本录制工具的正常运行，推荐使用 FireFox。

关于实测的部分这里我们选择了登录模块（对请求的有效拦截是保护系统安全的核心屏障）作为 QTP 的入门讲解。

一切准备完成之后，我们进行测试的第一步，分析要测试的功能并规范测试用例。第 1 章大家已经详细了解到关于测试用例的指导思想和创建方式，结合我们当前的系统模块，不难得出用例生成前需要注意以下几点。

（1）输入正确的账号和密码，单击"提交"按钮，验证是否能成功登录。

（2）输入错误的账号或者密码，登录会失败，并且会提示相应的错误信息。

（3）验证登录成功后能否跳转到正确的页面。

（4）账号和密码如果太短或者太长应该怎么处理，是否会有提示。

（5）账号和密码中有特殊字符（比如空格）和其他非英文字母的情况是否做了过滤。

（6）是否有记住账号的功能。

（7）登录失败后，能不能有记录上一次密码的功能。

（8）账号和密码前后是否有空格的处理。

（9）密码是否加密显示。

（10）涉及验证码的，还要考虑文字是否扭曲过度从而导致辨认难度大，考虑颜色（色盲使用者）、刷新或换一个按钮是否好用。

（11）输入密码的时候，大写键盘开启的时候是否有提示信息。

（12）什么都不输入，单击"提交"按钮，是否有非空检查。

由此根据等价类划分和条件覆盖等方法我们很容易总结出相关的测试用例，具体如表 7-1 ～表 7-12 所示。

表 7-1 测试登录窗口

用例编号	01	
功能描述	测试登录窗口访问情况	
用例目的	测试登录窗口能否正常访问，输入链接后能否正常跳转	
测试类型	功能测试	
前提条件	网络连接正常，浏览器正常工作	
测试方法 与步骤	输入	链接地址
	期望输出	正常跳转到页面
测试结果	正常跳转到页面	
功能完成	是	

表 7-2 正常登录检测

用例编号	02	
功能描述	正常登录检测	
用例目的	输入正确的账号和密码，单击"提交"按钮，验证是否能正确登录	
测试类型	功能测试	
前提条件	网络连接正常且在登录页面	
测试方法 与步骤	输入	正确的账号和密码
	期望输出	登录成功
测试结果	登录成功	
功能完成	是	

表 7-3 非正常登录检测

序号	03	
功能描述	非正常登录检测	
用例目的	输入错误的账号或者密码，登录会失败，并且会提示相应的错误信息	
测试类型	功能测试	
前提条件	网络连接正常且在登录页面	
测试方法 与步骤	输入	错误的账号或密码
	期望输出	相应错误信息
测试结果	未有相应信息输出	
功能完成	否	

表 7-4　输入框字符串长度检测

序号	04	
功能描述	字符串长度检测	
用例目的	账号和密码如果太短或者太长应该怎么处理	
测试类型	功能测试	
前提条件	网络连接正常且在登录页面	
测试方法 与步骤	输入	超出长度字符串
	期望输出	提示字符串过长
测试结果	未限制字符串长度	
功能完成	否	

表 7-5　异常输入信息测试

序号	05	
功能描述	异常输入登录检测	
用例目的	账号和密码中有特殊字符（比如空格）和其他非英文字母的情况	
测试类型	功能测试	
前提条件	网络连接正常且在登录页面	
测试方法 与步骤	输入	带空格的正确密码
	期望输出	正常登录
测试结果	登录失败	
功能完成	否	

表 7-6　自动记录账号信息测试

序号	06	
功能描述	自动记录用户名和密码检测	
用例目的	记住账号的功能	
测试类型	功能测试	
前提条件	网络连接正常且在登录页面	
测试方法 与步骤	输入	账号和密码正确且正常登录以后
	期望输出	是否记住用户名和密码
测试结果	记住用户名和密码	
功能完成	是	

表 7-7　错误账号信息自动记录测试

序号	07	
功能描述	成功登录前自动记录用户名和密码	
用例目的	登录失败后，不能记录密码	
测试类型	功能测试	
前提条件	网络连接正常且在登录页面	
测试方法 与步骤	输入	错误密码
	期望输出	重新输入密码
测试结果	重新输入密码	
功能完成	是	

表 7-8　输入框过滤空格测试

序号	08	
功能描述	输入框自动过滤空格	
用例目的	账号和密码前后有空格的处理	
测试类型	功能测试	
前提条件	网络连接正常且在登录页面	
测试方法 与步骤	输入	正确的账号和密码但账号和密码前后有空格
	期望输出	正常登录
测试结果	登录失败	
功能完成	是	

表 7-9　密码框加密信息测试

序号	09	
功能描述	密码框密文显示	
用例目的	密码是否加密显示（星号、圆点等）	
测试类型	功能测试	
前提条件	网络连接正常且在登录页面	
测试方法 与步骤	输入	密码
	期望输出	加密的圆点
测试结果	加密显示	
功能完成	是	

表 7-10 验证码图片格式测试

序号	10	
功能描述	验证码格式测试	
用例目的	测试涉及验证码的，考虑是否扭曲过度导致辨认难度大，考虑颜色（色盲使用者）、考虑刷新或换一个按钮是否好用	
测试类型	功能测试	
前提条件	网络连接正常且在登录页面	
测试方法与步骤	输入	验证码
	期望输出	正确信息
测试结果	失败，不需要输入验证码	
功能完成	否	

表 7-11 大小写切换信息测试

序号	11	
功能描述	大小写键盘切换测试	
用例目的	输入密码的时候，大写键盘开启的时候要有提示信息	
测试类型	功能测试	
前提条件	网络连接正常且在登录页面	
测试方法与步骤	输入	大写字母
	期望输出	提示大写键盘开启
测试结果	提示打开了大写键盘	
功能完成	是	

表 7-12 空信息登录测试

序号	12	
功能描述	输入框非空检查	
用例目的	什么都不输入，单击"提交"按钮，看提示信息（非空检查）	
测试类型	功能测试	
前提条件	网络连接正常且在登录页面	
测试方法与步骤	输入	空
	期望输出	相应错误信息
测试结果	输出密码错误	
功能完成	是	

用例整合完毕之后就可以开始实际测试了，在这之前需要进行一些配置，打开 QTP 设置页面，选择"录制和运行设置"，将默认地址填写为登录地址，若需要使用其他浏览器，可以在

如图 7-38 所示的页面修改。

图7-38　录制前设置页面

这样做的好处就是不必在我们每次进行录制时，对应输入框都需要手动输入。之后根据我们每个用例的测试目的和执行条件分析出需要自动化测试和手动测试的用例，然后便可以进行实测。

首先是 Web 端的自动化测试。让我们正常登录一次系统来记录一下对应的代码，如图7-39 所示。

图7-39　正常登录系统时对应的代码

然后根据我们获取的单击事件分离出每一个子功能：针对每个需要测试的功能添加之前我们讲到的检查点，以便于观察检查点的执行情况，如图 7-40 和图 7-41 所示。

```
Browser("            GPRS模块生产检测一期系统").Page("            GPRS模块生产检测一期系统").WebEdit("username").Set "geek1994"
Browser("            GPRS模块生产检测一期系统").Page("            GPRS模块生产检测一期系统").WebEdit("password").SetSecure "9090909azazaz0za"
Browser("            GPRS模块生产检测一期系统").Page("            GPRS模块生产检测一期系统_2").WebButton("登 录").Click
```

图7-40　登录界面各子功能

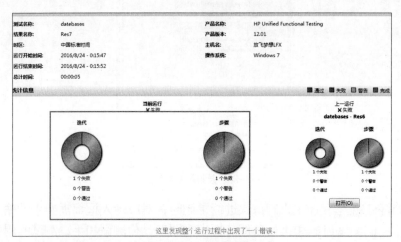

图7-41　测试结果报表

这时再重新运行一下脚本，结果反馈如图 7-41 所示。然后根据各检查报告的 Action 进行单独分析，如图 7-42 所示。

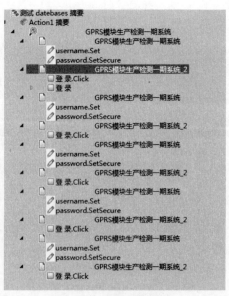

图7-42　Action各操作事件

第 1 个用例：直接单击"登录"，如图 7-43 所示。

步骤名称:登 录.Click

步骤 完成

对象	详细信息	结果	时间
登 录.Click		完成	2016/8/24 - 18:15:22

图7-43　第1个用例的执行情况

第 2 个用例：输入账号后单击"登录"，如图 7-44 所示。

步骤 完成

对象	详细信息	结果	时间
username.Set	"geek1994"	完成	2016/8/24 - 18:15:22

图7-44　第2个用例的执行情况

第 3 个用例：输入错误密码后单击"登录"，如图 7-45 所示。

步骤 完成

对象	详细信息	结果	时间
password.SetSecure	"9090909azazaz0za"	完成	2016/8/24 - 18:15:24

图7-45　第3个用例的执行情况

第 4 个用例：输入超出字符长度的账号，如图 7-46 所示。

步骤 完成

对象	详细信息	结果	时间
username.Set	"geek1994dawdwawagfwfdwafdwa86209812"	完成	2016/8/24 - 18:15:23

图7-46　第4个用例的执行情况

这个用例执行成功，但是没有返回输出值，也就是说没有提示字符串长度过长的信息。

第 5 个用例：输入带空格的账号，如图 7-47 所示。

步骤名称:username.Set

步骤 完成

对象	详细信息	结果	时间
username.Set	"ge ek19 94"	完成	2016/8/24 - 18:15:25

图7-47　第5个用例的执行情况

第 6 个用例：检查是否区分大小写，如图 7-48 所示。

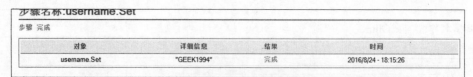

对象	详细信息	结果	时间
username.Set	"GEEK1994"	完成	2016/8/24 - 18:15:26

图7-48　第6个用例的执行情况

第 7 个用例：检查网页是否能够正常访问，如图 7-49 所示。

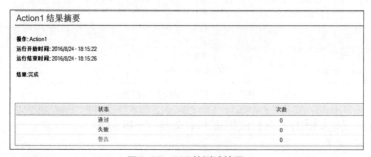

图7-49　第7个用例的执行情况

下面看一下 QTP 的测试结果，如图 7-50 所示。

图7-50　QTP的测试结果

下面是手动测试部分。

（1）账号和密码如果太短或者太长是否有提示，如图 7-51 所示。

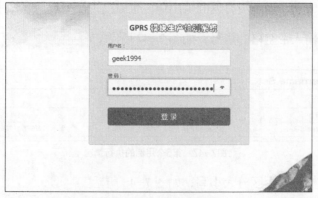

图7-51　输入框长度测试

实测发现没有相应提示符。

（2）账号和密码中有特殊字符（比如空格）和其他非英文字母的情况是否进行了过滤，如图 7-52 所示。

图7-52 输入框校验测试

测试发现不能自动删除空格，空格可以作为密码进行输入。

（3）密码是否加密显示，如图 7-53 所示。

图7-53 密码加密测试

可以发现密码是暗文显示的，符合测试要求。

（4）测试是否可以自动记住密码，如图 7-54 所示。

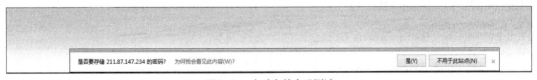

图7-54 自动存储密码测试

（5）测试修改密码的时候能否自动更新并保存，如图 7-55 所示。

图7-55 自动更新密码测试

测试发现可以自动更新。

7.3 Selenium简介

7.3.1 Selenium的功能

Selenium 是一套完整的 Web 应用程序测试系统，包含了测试的录制（Selenium IDE）、编写及运行（Selenium Remote Control）和测试的并行处理（Selenium Grid），可运行于任何支持 JavaScript 的浏览器上。Selenium Core 由一种指定格式的 HTML 文件驱动，在一定程度上增强了测试套件（test suite）的可读性。Selenium Remote Control 允许测试人员使用常见的语言（自然包括 C# 等 .NET 语言）编写测试代码，并支持不同操作系统下的各种主流浏览器。

7.3.2 Selenium的特色

Selenium 的主要特点是其开源性、跨平台性以及众多支持它的编程语言，可以用 HTML 编写测试用例，也可以用 Python、Java、PHP 等脚本语言来编写测试用例。如此多的特性，使 Selenium 具有强大的发展潜力，并且大有成为主流 Web 测试工具的趋势。

7.3.3 Selenium的组件

Selenium 是一个 Web 功能自动化测试工具系列，Selenium is a suite of tools to automate Web browsers across many platforms 是 Selenium 官网关于 Selenium 的一段描述。目前主要包括以下 5 部分。

（1）Selenium Core：支持 DHTML 的测试案例（效果类似数据驱动测试），它是 Selenium IDE 和 Selenium RC 的引擎。

（2）Selenium IDE：FireFox 的一个插件，支持脚本的录制和回放。

（3）Selenium Remote Control：是一个客户端 / 服务器，可以控制本地或其他的 Web 浏览器。

（4）Selenium WD：Webdriver，是一个用来进行复杂的 Web 自动化测试的工具。

（5）Selenium Grid：允许在不同的环境下并行运行多个测试任务。

性能测试基础

8

性能测试是对软件性能的评价，反映了软件具有的响应及时度能力。测试人员采用一定的性能测试手段，对软件的响应及时度进行评价。本章将介绍性能测试的相关基础知识。

8.1　什么是性能测试

性能测试是对软件性能的评价。简单地说，软件性能衡量的是软件具有的响应及时度能力。因此，性能测试是采用测试手段对软件的响应及时度进行评价的一种方式。

8.2　性能测试的分类

性能测试主要包括基准测试、负载测试、压力测试、可靠性测试和并发测试等。

（1）基准测试（benchmark test）。基准测试是指在一定的软件、硬件及网络环境下，模拟一定数量的虚拟用户运行一种或多种业务，将测试结果作为参考数据，为系统调优或系统评测提供决策数据。基准测试主要用于性能调优，在经过测试获得了基准测试数据后，进行环境调整（包括硬件配件、网络、操作系统、应用服务器、数据库等），再将测试结果与基准数据进行对比，判断调整是否达到最佳状态。

（2）负载测试（load testing）。负载测试是指在一定的软件、硬件及网络环境下，运行一种或多种业务，在不同虚拟用户数量下，测试服务器的性能指标是否在用户要求的范围，以此确定系统所能承载的最大用户数、最大有效用户数以及不同用户数下的系统响应时间及服务器的资源利用率。通过逐渐加压的方式，直到性能指标超过预定指标或某种资源使用已经达到饱和的状态，目的是了解系统性能、容量和处理能力极限。其主要用途是发现系统性能的拐点，寻找系统能够支持的最大用户、业务等处理的能力极限。

（3）压力测试（stress testing）。压力测试是指在一定的软件、硬件及网络环境下，模拟大量的虚拟用户向服务器产生负载，使服务器的资源在处于极限状态的情况下长时间连续运行，以测试服务器在高负载情况下是否能够稳定工作。压力测试是通过确定一个系统的瓶颈或者不能接收的性能点，来获得系统能提供的最大服务级别的测试。压力测试是为了发现在什么条件下应用程序的性能会变得不可以接受。

（4）可靠性测试（reliability testing）。可靠性测试是指在给系统加载一定业务压力的情况下，让应用持续运行一段时间，测试系统在这种条件下是否能够稳定运行。可靠性测试强调在一定的业务压力下长时间运行系统，关注系统的运行情况（如资源使用率是否在逐渐增加、响应速度是否越来越慢），是否有不稳定征兆（长时间运行可以观察系统是否有内存泄漏的情况）。

（5）并发测试（concurrency testing）。并发测试是指测试多用户访问的系统，考察系统中某个应用、模块或者进行数据处理的时候是否存在死锁或者性能瓶颈等问题。在系统处理能力达到峰值状态的时候监测系统资源，找到资源使用率最高的情况，确定系统性能瓶颈。

8.3 性能测试的应用场景

性能测试的应用场景（领域）主要有能力验证、规划能力、性能调优、缺陷发现、性能基准比较，表 8-1 简单介绍和对比了这几个场景的各自用途和特点。

表 8-1　性能测试应用场景对比

	主要用途	典型场景	特点	常用性能测试方法
能力验证	关注在给定的软硬件条件下，系统能否具有预期的表现能力	在要求平均响应时间小于 2 秒的前提下，如何判断系统是否能够支持每天 50 万用户的访问量	（1）要求在已确定的环境下运行 （2）需要根据典型场景设计测试方案和用例，包括操作序列和并发用户量，需要明确的性能目标	（1）负载测试 （2）压力测试 （3）可靠性测试
规划能力	关注如何使系统具有我们要求的性能水平	某某系统计划在一年内获客量到 ××× 万，系统到时候是否能支持这么多用户量？如果不能，需要如何调整系统的配置	（1）它是一种探索性的测试 （2）常用于了解系统性能和获得扩展性能的方法	（1）负载测试 （2）压力测试
性能调优	主要用于对系统性能进行调优	某某系统上线运行一段时间后响应速度越来越慢，此时应怎么办	每次只改变一个配置，切忌无休止的调优	（1）并发测试 （2）压力测试
缺陷发现	发现缺陷或问题重现、定位手段	某些缺陷只有在高负载的情况下才能暴露出来，如线程锁、资源竞争或内存泄漏	作为系统测试的补充，用来发现并发问题，或是对系统已经出现的问题进行重现和定位	（1）并发测试 （2）压力测试
性能基准比较	在性能测试的初始阶段，可以通过建立性能基线，通过比较每次迭代中的性能表现变化，判断迭代是否达到了目标			

8.4 性能测试的基本概念

性能测试的基本概念主要分为两大部分：资源指标和系统指标。

1．资源指标部分

（1）CPU 使用率：指用户进程与系统进程消耗的 CPU 时间百分比，时间较长的情况下，一般可接受上限不超过 85%。

（2）内存利用率：内存利用率 =(1– 空闲内存&总内存大小)×100%，一般至少有 10% 的可用内存，内存使用率可接受上限为 85%。

（3）磁盘 I/O：磁盘主要用于存取数据，因此当说到 I/O 操作的时候，就会存在两种相对应的操作，存数据的时候对应的是写 I/O 操作，取数据的时候对应的是读 I/O 操作，一般使用 % Disk Time(磁盘用于读写操作所占用的时间百分比) 度量磁盘的读写性能。

（4）网络带宽：一般使用计数器 Bytes Total/sec 来度量，Bytes Total/sec 表示为发送和接收字节的速率，包括帧字符在内。判断网络连接速度是否是瓶颈，可以用该计数器的值和目前网络的带宽比较。

2. 系统指标部分

（1）并发用户数：某一物理时刻同时向系统提交请求的用户数。

（2）在线用户数：某段时间内访问系统的用户数，这些用户并不一定同时向系统提交请求。

（3）平均响应时间：系统处理事务的响应时间的平均值。事务的响应时间是从客户端提交访问请求到客户端接收到服务器响应所消耗的时间。对于系统快速响应类页面，一般响应时间为 3 秒左右。

（4）事务成功率：性能测试中，事务是用于度量一个或者多个业务流程的性能指标，如用户登录、保存订单、提交订单操作均可定义为事务。单位时间内系统可以成功完成多少个定义的事务，在一定程度上反映了系统的处理能力，这样的能力一般以事务成功率来度量。

（5）超时错误率：主要指事务由于超时或系统内部的其他错误导致失败占总事务的比例。

3. 其他常见指标

（1）每秒事务数：Transactions Per Second，TPS。

（2）思考时间：用户每个操作后的暂停时间，或者叫操作之间的间隔时间，此时间内是不对服务器产生压力的。

（3）单击数：每秒用户向 Web 服务器提交的 HTTP 请求数。这个指标是 Web 应用特有的一个指标。Web 应用是"请求 – 响应"模式。用户每发出一次申请，服务器就要处理一次，所以单击是 Web 应用能够处理的交易的最小单位。如果把每次单击定义为一个交易，那么单击率和 TPS 就是一个概念。容易看出，单击率越大，对服务器的压力越大。单击率只是一个性能参考指标，重要的是分析单击时产生的影响。需要注意的是，这里的单击并非指鼠标的一次单击操作，因为在一次单击操作中，客户端可能向服务器发出多个 HTTP 请求。

（4）页面访问量：访问一个 URL，产生一个页面访问量（Page View，PV），每日每个网站的总页面访问量是反映一个网站的规模的重要指标。

（5）用户访问：作为一个独立的用户，访问站点的所有页面均算作一个用户访问（Unique Visitor，UV）。

8.5　性能测试工具的发展与开源性能测试的优势

早期的性能测试工具使用特殊的硬件设备来录制键盘输入以及使用回放脚本的方式工作，不利于脚本的维护。之后便出现以软件来实现脚本的性能测试工具，这大大提高了脚本的可维护性，并增强了测试自动化的能力。在 2001 年开始出现的新一代自动化性能测试工具，将脚本抽象化和对象化，提高了测试脚本的复用性和可维护性，同时也让非技术人员可以更方便地参与到性能测试过程中。在目前的性能测试工具中，主要包括以 LoadRunner 为代表的商业收费性能测试工具和以 JMeter 为代表的开源性能测试工具。

开源性能测试相较于商业收费的性能测试，具有轻量、灵活、可扩展的特性。此外，开源的工具可以免费下载，大大降低了测试成本。我们还可以查看开源性能测试工具的源代码，可以根据项目需求对工具进行功能扩展。

目前主流的开源性能测试工具有 JMeter、ApacheBench、OpenSTA 等，其中 JMeter 以其强大而灵活的功能成为开源性能测试的首选工具。我们会在下一章详细介绍 JMeter。

JMeter基础

9

俗话说："工欲善其事，必先利其器。"我们在第 8 章讲述了性能测试的相关知识，但要将性能测试的方法和思想融入实际的测试中，没有一款能够熟练操作的测试工具恐怕是不行的。本章我们将介绍开源性能测试工具中的佼佼者——JMeter。

9.1 JMeter简介

Apache JMeter ™程序是一款开源软件，100% 纯 Java 程序，它用于负载测试、功能行为测试和性能测试。它最初用于 Web 应用程序的测试，但现在已经得到扩展并用于其他方面的测试。在开源性能测试工具中，JMeter 凭借其强大的功能、简便的操作、丰富的图表和友好的页面成为当之无愧的佼佼者。它不仅是性能测试人员的"好帮手"，同时也是开源性能测试方法的"引路人"。

9.1.1 JMeter的主要特点

JMeter 的主要特点如下。

（1）JMeter 是免费的开放源码软件。

（2）JMeter 具有简单、直观的图形用户页面。

（3）JMeter 支持多种协议的性能测试，包括 HTTP、TCP、SOAP、JDBC、LDAP、JMS 和 POP3 等。

（4）JMeter 是独立于平台的工具。在 Linux/UNIX，JMeter 中 shell 脚本单击便可调用。在 Windows 上，它可以启动 jmeter.bat 文件。

（5）JMeter 测试计划存储为 XML 格式，这意味着可以使用文本编辑器生成一个测试计划。

（6）JMeter 完整的多线程框架允许并发多线程和同步采样不同的功能由单独的线程组采样。

（7）JMeter 是高度可扩展的。

（8）JMeter 也可用于执行应用程序的自动化测试和功能测试。

9.1.2 JMeter与商业测试工具（LoadRunner）对比

传统的商业测试工具通常存在以下缺点。

（1）价格昂贵，购买商业测试工具的使用版权通常会增加软件的测试成本。

（2）监控 jboss/tomcat/mysql 等的应用性能数据需要自己实现，不够便利。

（3）LoadRunner 等商业测试工具为了提高封闭性隐藏了很多细节，这可能在特定事情上、在以预期不同的方式发生时，让用户无所适从。

相比商业测试工具，JMeter 则拥有以下优点。

（1）开源软件，可免费使用，大大降低了测试成本。

（2）安装简单，程序轻巧，配置好 JDK 后，可直接解压缩 JMeter 的程序进行使用。

（3）配置过程详细，测试计划的可制订性强，可有效把控测试过程中的每一步。

（4）JMeter 为 Apache 维护的重点项目之一，软件的更新频率快，不断有新增加的功能。

9.2　JMeter的安装

以 Windows 环境为例，JMeter 的安装步骤如下。

（1）配置 JDK 环境（JDK 版本为 1.7 以上）。

（2）访问 JMeter 官方网站，单击左侧栏中的超链接"Download Releases"，进入发行版本的下载页面，如图 9-1 所示。

图9-1　JMeter官方网站下载链接截图（1）

（3）找到"Binaries"部分，单击超链接"apache-jmeter-3.1.zip"（如图 9-2 所示）即可进行下载（当前最新版本为 3.1）。

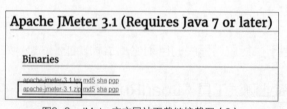

图9-2　JMeter官方网站下载链接截图（2）

（4）下载完毕后放到指定目录（如 D:\Program Files）后进行解压缩，解压缩后的目录如图 9-3 所示。

图9-3　解压缩后的目录

（5）进入"bin"目录，双击执行"jmeter.bat"文件，即可启动JMeter，如图 9-4 所示。

图9-4　启动JMeter

（6）JMeter 的主页面如图 9-5 所示。

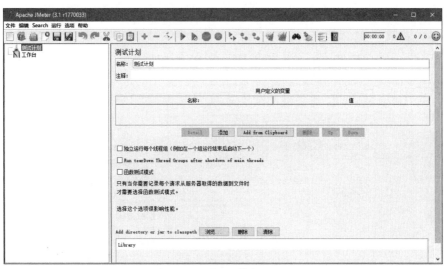

图9-5　JMeter的主页面

9.3　JMeter的测试元件

JMeter 的测试元件如图 9-6 所示，主要包括以下内容。

（1）Threads(Users)。这个组件主要用来控制 JMeter 并发时产生线程的数量，在它的下一级菜单下只有一个组件（线程组），可以将每个线程理解成一个虚拟的用户。所有的其他

117

类型组件必须是（线程组）节点的子节点。

（2）配置元件。配置元件和 Sample 组件一起工作，主要用来配置 Sample 如何发起请求来访问服务器，其主要特点是可以把一些 Sample 的共同配置放在一个元素里面，以方便管理。配置元件是有作用域的，作用域是树状关系图，越是上级节点，作用域越大，越是接近叶子节点，节点的作用域就越小，可以复写上级作用域的配置。

（3）定时器，这个组件主要用来调节线程组，以及控制线程每次运行测试逻辑（例如：发出请求）的时间间隔。定时器有很多类型，它们的主要功能就是调节时间间隔，但每个组件之间的策略又有很大不同。

（4）前置处理器和后置处理器，这个组件类似一个 hook（钩子），在测试执行之前和测试执行之后执行一些脚本的逻辑。这个组件不是重点组件。

（5）Sample，表示客户端发送某种格式或者规范的请求到服务端，所以大家看到了各种各样的 Sample，比如最常见的 HTTP 请求。

（6）断言，意思是指对于 Sample 完成了请求发送之后，判断一下返回的结果是否满足期望。

（7）监听器，这个组件不同于平时在 Web 编程的那种监听器，它是伴随着 JMeter 测试的运行而从中抓取运行期间的数据的一个组件，经常使用的是聚合报告组件，从里面可以统计到测试的 TPS、响应时间等关键测试数据。

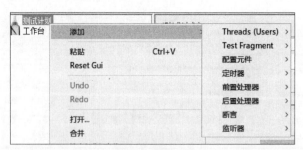

图9-6　测试元件

在 JMeter 的测试元件中，最常用的有 Threads(User)、Sample 和监听器等。关于常用测试元件的使用方法，我们会在下一章进行讲解。

JMeter实战

10

在上一章中，我们简单了解了 JMeter 的基本操作。在本章中，我们将继续深入介绍 JMeter 的使用，并开展一次较为完整的性能测试。

10.1　Web性能测试

JMeter 常用于 Web 性能测试。本节会通过 Web 性能测试对 JMeter 的使用方法进行介绍和说明。

为了达到基本的测试效果，在 JMeter 中，一个测试计划中应至少包含一个线程组和一个监听器。线程组是性能测试的基础元件，任何测试都是基于线程组之上的。监听器的作用是监视在测试过程中产生的数据，并将测试数据保存下来，有的监听器可以形成测试结果，对性能测试有一定的参考意义。

10.1.1　创建测试计划

1. 添加和配置线程组

添加和配置线程组的页面如图 10-1 所示。

图10-1　添加和配置线程组

右击图 10-1 中的"测试计划"，在弹出的菜单中依次选择"添加｜ Threads(Users) ｜线程组"，从而新建一个线程组。

单击刚刚新建的线程组，页面右侧会出现该线程组的线程属性，图 10-2 所示为主要属性部分。

图10-2　主要属性部分

在"线程数"处填入该线程组一共开启的线程数量；在"Ramp-Up Period (in seconds)"处填写一个以秒为单位的时间，表示设定的线程在该时间内建立（如填写 1，含义即为设定的线程在 1 秒内全部建立）；"循环次数"表示为每个线程执行测试的次数，若勾选了"永远"，则线程会被永远测试下去。

实际上，线程有时候并不能在规定时间内全部建立，有时候 JMeter 甚至会处于未响应状态。这与测试端硬件性能有关：测试端硬件性能越强，测试表现越佳；测试端硬件性能越弱，则越容易出现未响应状态。

我们做了一个示例配置，如图 10-3 所示。

图10-3　示例配置

根据图 10-3，我们设置了 10 个线程，每个线程的循环次数为 10，所有线程被设置在 3 秒之内启动。

2. 设置HTTP请求采样器

Web 的访问遵循 HTTP 协议，所以想要进行 Web 性能测试，就要向 Web 服务器发送 HTTP 请求，在 JMeter 众多的采样器（Sampler）中，HTTP 请求采样器可以满足我们的需求。接下来我们设置一个 HTTP 请求采样器。

右击刚创建的线程组，依次选择"添加 | Sampler | HTTP 请求"，这样我们就添加了一个 HTTP 请求采样器（如图 10-4 所示）。

图10-4　添加HTTP请求采样器

接下来我们对 HTTP 请求采样器进行设置，设置页面如图 10-5 所示。

设置页面中可设置的参数非常多，我们对主要设置部分分别进行讲解。

Web 服务器设置如图 10-6 所示。在图 10-6 中的"Web 服务器"部分，在"服务器名称或 IP"处填入被测试的 Web 服务器域名地址或直接填入 IP 地址，在"端口号"处填写相应的端口号（默认为 80）。

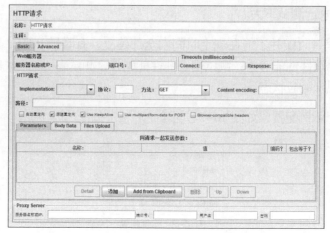

图10-5　设置HTTP请求采样器

图10-6　Web服务器设置

端口号设置如图 10-7 所示。在图 10-7 中的"Timeouts(milliseconds)"部分，在"Connect"处填入连接超时时间，即若实际连接时间大于填入的时间，则被视为失败。在"Response"处填入响应超时时间，即若实际响应时间大于填入的时间，则也被视为失败。

图10-7　端口号设置

示例配置如图 10-8 所示。

图10-8　示例配置

根据图 10-8，我们设置了被测 Web 服务器的 IP 地址（localhost）及端口号（8080），设置连接和响应时间均为 3 秒，HTTP 请求方法设置为"GET"，请求路径为"/"，即该 GET 请求的地址为"http://localhost:8080/"，没有为该请求设置参数。

3．设置监听器

为了获得测试的结果并分析性能，我们需要设置监听器。常用的监听器有"图形结果""查看结果树""聚合报告"等。

我们首先添加一个聚合报告。添加方法是：右击左侧的"测试计划"，依次选择"添加 | 监听器 | 聚合报告"（如图 10-9 所示）。

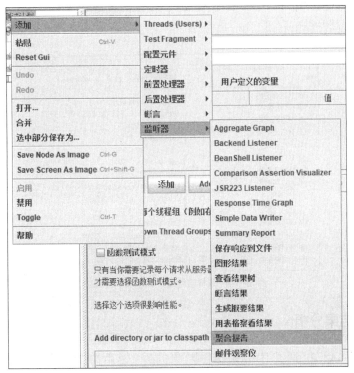

图10-9　添加聚合报告

之后添加"查看结果树"，右击图 10-9 左侧的"测试计划"，依次选中"添加 | 监听器 | 查看结果树"。

4．执行测试计划

设置了线程组、采样器和监听器以后，我们就完成了一个简单的测试计划。接下来可以执行这个测试计划。单击工具栏上的"启动"按钮 ▶ 执行测试计划。

启动后，JMeter 会根据测试计划中的设置执行测试。在这段时间内，我们可以随时停止测试计划的执行（对应工具栏上的按钮 ）。

一段时间后，测试计划执行完毕。这时我们选择"聚合报告"，可以清楚地看到本次测试计划的执行结果（如图 10-10 所示）。

Label	# Samples	Average	Median	90% Line	95% Line	99% Line	Min	Max	Error %	Through...	Received...	Sent KB/...
HTTP请求	100	172	154	314	419	508	45	678	0.00%	25.2/sec	517.27	4.51
总体	100	172	154	314	419	508	45	678	0.00%	25.2/sec	517.27	4.51

图10-10　执行结果

再单击"查看结果树"，我们可以查看每个线程发送的每一个请求的细节，例如取样器结果、请求和响应数据等，如图 10-11 所示。

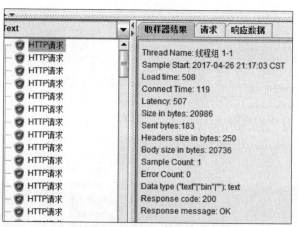

图10-11　取样器结果、请求和响应数据

10.1.2　测试结果分析

在上一节中，我们提到了用来获取测试结果的两个常用的监听器——聚合报告和查看结果树。这两个监听器包含了大量的信息，接下来我们主要对聚合报告生成的测试结果进行解析。

图 10-12 所示为上一节测试中聚合报告的结果。

Label	# Samples	Average	Median	90% Line	95% Line	99% Line	Min	Max	Error %	Through...	Received...	Sent KB/...
HTTP请求	100	172	154	314	419	508	45	678	0.00%	25.2/sec	517.27	4.51
总体	100	172	154	314	419	508	45	678	0.00%	25.2/sec	517.27	4.51

图10-12　聚合报告的结果

聚合报告包含了 Label、#Samples、Average、Median、90% Line、95% Line、99% Line、Min、Max、Error%、Throughput、Received KB/sec、Sent KB/sec 字段的信息，具体解释如下。

- Label：每个 JMeter 的 element（例如 HTTP 请求）都有一个 Name 属性，这里显示的就是 Name 属性的值。

- #Samples：表示这次测试中一共发出了多少个请求，如果模拟 10 个用户，每个用户迭代 10 次，那么这里显示 100（10×10）。

- Average：平均响应时间，默认情况下是单个 Request 的平均响应时间。

- Median：中位数，也就是 50% 用户的响应时间。

- 90% Line：90% 用户的响应时间。

- 95% Line：95% 用户的响应时间。

- 99% Line：99% 用户的响应时间。

- Min：最短响应时间。

- Max：最长响应时间。

- Error%：本次测试中出现错误的请求的数量占请求总数的百分比。

- Throughput：吞吐量，默认情况下表示每秒完成的请求数（Request per Second）。

- Received KB/sec：每秒从服务器端接收到的数据量。

- Sent KB/sec：每秒发送请求的数据量。

我们回到上面的测试中。从测试的聚合报告我们可以看出，JMeter 一共发送了 100 个 HTTP 请求（10 个线程分别发送 10 次请求），这 100 个请求的平均响应时间是 172 ms，中位数是 154 ms，90% 的请求的响应时间都在 314 ms 以内（包括 314 ms），95% 的请求的响应时间都在 419 ms 以内（包括 419 ms），99% 的请求的响应时间都在 508 ms 以内（包括 508 ms），最短响应时间是 45 ms，最长响应时间是 678 ms，请求的错误率是 0%，吞吐量是每秒 25.2 个请求，每秒从服务器端收到的数据量是 517.27 KB，每秒发送请求的数据量是 4.51 KB。

聚合报告的数据解读完毕以后，我们要及时将测试数据和结果记录下来，以便进一步对系统的性能进行分析。

10.2　Socket性能测试

10.2.1　创建测试计划

（1）新建"测试计划"，如图 10-13 所示。

图10-13　新建"测试计划"

（2）新建线程组。右击图 10-14 中的"测试计划"，依次选择"添加丨Threads(Users)丨线程组"。

图10-14　新建线程组

（3）配置线程组，如图 10-15 所示。

图10-15　配置线程组

（4）右击刚刚创建的线程组，依次选择"添加丨Sampler丨TCP取样器"，新建TCP取样器，如图 10-16 所示。

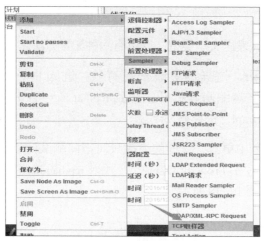

图10-16　新建TCP取样器

（5）配置 TCP 取样器（如图 10-17 所示），这是比较关键的部分。因为 Socket 端只接收和发送十六进制文本，而 JMeter 默认发送的是字符串，所以需要在"TCPClient classname"处填入 org.apache.jmeter.protocol.tcp.sampler.BinaryTCPClientImpl。但这样做还不够，还需要对 JMeter 进行配置（详见第 6 步）。

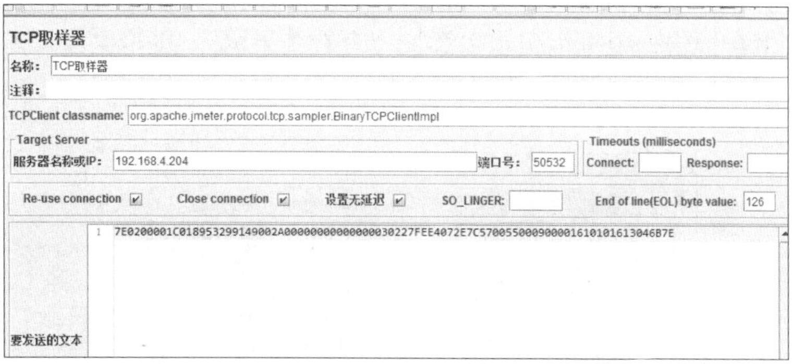

图10-17　配置TCP取样器

在"服务器名称或 IP""端口号"处填入适当信息。

"Re-use connection""Close connection""设置无延迟"等可根据相关情况选择。

"End of line(EOL) byte value"应设置为 126，这是因为 Socket 端以十六进制数 7E 为标识位分割请求报文，所以应设置 EOL 让 JMeter 识别出信息的结束位。由于该处要填入的数据必须是十进制的，因此把 7E 转成十进制数 126。

要发送的文本中不能含有空格或回车符，否则请求会失败（Socket 端没有设置解析空格或回车符这些符号）。

（6）更改 JMeter 默认发送文本类型，这里有两种配置方法。

第一种：配置 JMeter，这样的更改全局有效。进入 JMeter 目录下的 bin 目录，找到 jmeter.properties 并用文本编辑器打开，找到 tcp.handler=TCPClientImpl，将其改为 tcp.handler=BinaryTCPClientImpl，保存后关闭。

第二种：在测试计划中更改，这样的更改只对当前测试计划有效。右击工作台，依次选中"添加 | 非测试元件 | Property Display"，找到 tcp.handler=TCTClientImpl，将其改为 BinaryTCPClientImpl，如图 10-18 所示。

图10-18　更改JMeter默认发送文本类型的第二种方法

（7）添加监听器，显示测试结果。右击"测试计划"，依次选择"添加 | 监听器 | 聚合报告"添加聚合报告，根据情况也可添加"查看结果树""图形结果"等，如图 10-19 所示。

图10-19　添加监听器

（8）执行测试计划。单击"启动"按钮，然后等待测试结束，如图 10-20 所示。

图10-20　执行测试计划

10.2.2　测试结果分析

测试结束后，选择"聚合报告"，查看测试结果，并根据测试结果汇总出测试报告，如图 10-21 所示。

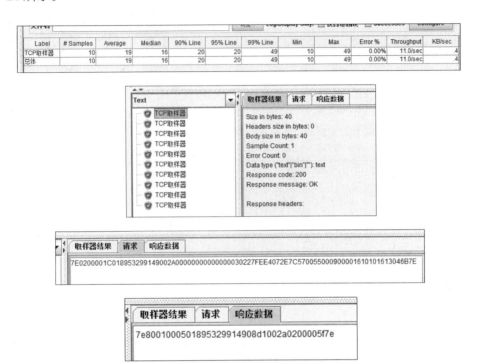

图10-21　测试报告汇总

可以看到，10 次请求均成功，这 10 个请求的平均响应时间是 19 ms，中位数是 16 ms，90% 的请求的响应时间都在 20 ms 以内（包括 20 ms），95% 的请求的响应时间都在 20 ms 以内（包括 20 ms），99% 的请求的响应时间都在 49 ms 以内（包括 49 ms），最短响应时间是 10 ms，最长响应时间是 49 ms，请求的错误率是 0%，吞吐量是每秒 11.0 个请求，每秒发送请求的数据量是 0.4 KB。

Web 页面测试

11

用户在使用软件的过程中，大多数时间都在与软件提供的页面打交道，在满足功能的前提下，用户对软件质量的评价，很大程度上取决于对该软件用户界面的体验。在用户页面测试阶段，以特定的准则为基础，找出并改正错误，不断优化页面，使系统更加满足用户需求。此外，已开发系统的使用环境可能不同，特别是 Web 系统，其工作环境种类繁多，为了保证已开发系统的用户页面能匹配和适应各种特定环境，必须进行用户界面测试。

11.1 用户界面测试

11.1.1 用户界面简介

用户界面（User Interface，UI）是用户与系统之间进行交互的媒介，主要包括系统的图形化用户界面（Graphical User Interface，GUI）以及用户和系统之间的交互功能。

11.1.2 用户界面测试简介

用户界面测试也称为 UI 测试，主要从用户界面的易用性、规范性、合理性、美观协调性、帮助设施等方面进行测试。

11.1.3 用户界面测试的目标

确保软件现在的 UI 在现有条件下能最大限度地满足用户的需求，在功能上有效、在设计上合理，确保软件的 UI 向用户提供了合适的访问、浏览和操作方式，确保 UI 对应的内部功能符合预期的要求，并尽可能遵循相关的行业标准。

11.2 Web页面测试

11.2.1 Web页面测试简介

Web 页面测试，是对已开发的 Web 系统进行的用户页面测试，由于 Web 系统具有跨平台性，同一个 Web 系统可以借助浏览器运行于不同的平台，因此对于有跨平台需求的 Web 系统要分别在不同的操作系统上进行测试，测试内容包括对浏览器以及分辨率的兼容性测试。

11.2.2 浏览器的兼容性与分辨率的兼容性简介

浏览器是 Web 系统的最重要的展示工具，不同品牌的浏览器使用的内核及所支持的网页语言不同，同一品牌的浏览器也有不同的版本，不同浏览器对安全性的设置不同，因此浏览器的兼容性测试对 Web 系统至关重要。

分辨率的兼容性测试要保证 Web 页面的版式能适应不同分辨率，不同分辨率下 Web 系统中的页面元素的显示符合要求，且能够按照规则进行排列。

对于浏览器与分辨率的兼容性测试，若需求规格说明书中未指定浏览器以及分辨率，需要根据 Web 系统可能的工作运行环境，测试页面在可能的浏览器和分辨率下的运行情况，包括测试页面元素的显示是否正确、功能是否能够满足要求。对于需求规格说明书中已指定的浏览器和分辨率要分别进行测试。

此外，测试要遵循页面测试准测，进行易用性、规范性、合理性、美观性，以及帮助设施等与 Web 页面相关的用户页面测试。

11.2.3 Web页面兼容性测试目标

（1）Web 页面在可能用到的不同的操作平台上正常运行。

（2）Web 页面能在同一操作系统平台的不同版本的浏览器中正常运行。

（3）Web 页面能根据窗口大小调整且正常显示。

（4）Web 页面能够适应不同的屏幕分辨率且正常显示。

（5）Web 页面能在不同的网络环境中被正确加载。

（6）Web 系统中的功能能在不同运行环境下正常实现。

11.2.4 Web页面测试准则

1. 易用性

对于 Web 页面的易用性，理想的情况是用户不必查阅帮助就能知道该页面的功能并进行相关的正确操作。

页面中元素易用性的测试主要包括按钮、导航、图片、文字等。

参考以下部分相关细则便于更好地进行 Web 页面测试。

（1）页面布局

- 将功能相同或相近的元素集中放置，减少鼠标移动距离，并辅以功能说明或标题。

- 页面上首先要输入含有重要信息的控件，还应将其放在页面上较醒目的位置。

- "Tab"键的顺序与控件的排列顺序要一致，总体从上到下，行间从左到右。

- 同一页面上显示的信息数过多时可以考虑使用分页页面显示。

（2）导航菜单

- 将功能相同或相近的菜单用横线隔开并将它们放在同一位置。

- 菜单前的图标能直观地代表要完成的操作。

- 菜单深度一般要求最多控制在 3 层以内。

- 下拉导航选项要根据导航选项的含义进行分组，并且按照一定的规则进行排列。

- 一组导航的使用有先后要求或有向导作用时，应该按先后次序排列。

- 没有顺序要求的菜单选项按使用频率从高到低排列或按重要性从主到次排列，常用的靠前放置，不常用的靠后放置。重要的放在开头，次要的放在后边。

- 如果菜单选项较多，应该采用加长菜单的长度而减少深度的原则排列。

- 菜单深度一般要求最多控制在 3 层以内。

- 主菜单数目不应太多，最好为单排布置。

- 相同功能按钮的图标应给出提示且文字保持一致。

- 网页交互中确认是否可以识别鼠标位置并做出相应的动作。

（3）下拉列表和选项框

- 下拉列表和选项框的选项按选择概率从高到低排列。

- 下拉列表和选项框要有默认选项，并支持"Tab"键选择。

- 选项相同时，多用选项框而不用下拉列表。

- 选项数较少时使用选项框，相反则使用下拉列表。

- 页面空间较小时，多用下拉列表而不用选项框。

（4）提示帮助信息

- 用户完成系统某些功能的操作后，应及时给出相应的提示，让用户能及时获取反馈结果。

- 及时给出对用户操作的结果的反馈，例如用户注册、用户名或密码的输入是否规范、是否可用，这样能得到系统的及时提示。

- 对于用户陌生感强的功能，需给出完整详尽的提示帮助信息，指引用户如何获取帮助信息，提示需准确、完整。

- 对于一些不可更改的操作，进行多层验证，不断提醒用户。

- 对于危险操作、重要操作，系统及时给出提示。

- 操作不可逆，或有可能会给系统以及用户数据带来损失的操作，应及时给出警告。

- 返回页面提示接下来会显示跳转的页面，让用户有所准备。

- 提示信息的语言要尽量友好，建议使用用户易于接受的语言。

（5）键盘操作

- 支持键盘上功能按钮的操作。

- 上下键控制页面元素的移动。

- 音频和视频可通过方向键控制音量和播放进度。

- 表单支持"Tab"键切换。

- 默认按钮要支持"Enter"键操作。

（6）用户输入

- 检测到非法输入后应给出提示说明并能自动获得焦点。

- 对于一些要求输入唯一的内容，系统及时自动检测数据库，在页面上实时给出检测结果。

（7）语言

- 专业性强的软件要使用相关的专业术语，通用性页面则最好使用通用性词语。

（8）状态提示信息

- 包括目前的操作、系统状态、用户位置、用户信息、提示信息、错误信息等，如果某一操作需要的时间较长，应该显示进度条和进程提示。

- 滚动条的长度要根据显示信息的长度或宽度及时变换，以便于用户了解显示信息的位置和百分比。

2．规范性

页面遵循规范化的程度越高，易用性越好。Web 页面遵循规范，便于后期测试时进行调试比对，在规范化的基础上也可以根据用户的特定需求进行少量个性化的修改。

3．合理性

（1）进行相应操作（delete、update、add、select、cancel、back 等）后，测试返回的页面是否合理，或给出的提示信息是否合理。

（2）检查重要的命令按钮与使用较频繁的按钮是否放在页面合理且明显的位置上。

- 错误使用容易引起页面退出、功能失效，或关闭的按钮是否被放在合理且不易被误操作的位置。

- 测试与正在进行的操作无关的按钮是否被合理有效地屏蔽。

- 对可能造成数据无法恢复的操作检验是否提供了合理的确认提示或警告信息，给用户放弃选择的机会。

- 说明对非法的输入或操作给出的提示合理。

- 对运行过程中出现问题而引起错误的地方是否有提示，且错误提示是否有助于客户理解。

4．美观与协调性

观察系统页面的风格是否一致，如字的大小、颜色、字体是否遵循了一定的规则，图片的位置是否遵循规则。

5．帮助设施

系统应该提供详尽而可靠的帮助设施，用户可以根据提示获得帮助信息。

用户在使用帮助设施的过程中产生迷惑时可以自己寻求解决方法。

（1）在用户难理解的元素附近，可以设置用户自行获取帮助的按钮，并测试这些按钮的可用性。

（2）测试在页面上调用帮助时能否及时定位到与该操作相对应的帮助位置。

（3）检测是否有开发者提供的帮助主题词，将其作为关键词帮助用户在索引中搜索所要的帮助。

（4）检查帮助设施中是否提供了技术支持人员的联系方式，用户一旦难以自己解决问题，能否方便地寻求专业技术人员的帮助与支持。

11.3　Web页面自动化测试工具

11.3.1　Selenium简介

Selenium 是一套开源的支持不同自动化测试方法的软件工具，支持 Linux、Windows、Mac 等操作系统。Selenium 的核心功能是能够支持多个浏览器进行自动化测试，且支持多种编程语言，目前支持的有 Java、C#、Ruby、Python 等。

本次测试使用 Selenium 2.0（WebDriver），结合 Java 编写自动执行的脚本，自动测试页面的兼容性以及分辨率的兼容性。

11.3.2　环境配置

（1）下载 selenium-java-2.44.0-srcs.jar（注意，Selenium 应选择与被测浏览器兼容的版本）。

（2）下载对应的浏览器驱动，以 Google Chrome 60 为例，下载对应的 2.9 版本的驱动文件 chromedriver.exe，并将其存放到 Chrome 浏览器安装目录 D:\Program Files (x86)\Google\Chrome\Application\chromedriver.exe 下。

（3）在已有的 Java 编程环境中，新建 Java 项目，配置路径，导入第一步下载的 selenium-java-2.44.0-srcs.jar 中包含的所有 jar 包，如图 11-1 所示。

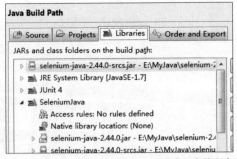

图11-1　selenium-java-2.44.0-srcs.jar中包含的所有jar包

（4）新建对应的测试 Java 类，编写相应的自动化测试执行代码。

11.3.3　自动化页面兼容性测试

1.　编写测试脚本代码

完成上述环境的配置后，新建类 ShotImgDemo.java。

本次测试系统的登录功能，登录成功后，自动截图保存当前页面到对应的路径。

```java
import java.io.File;
import java.io.IOException;
import org.apache.commons.io.FileUtils;
import org.openqa.selenium.By;
import org.openqa.selenium.Dimension;
import org.openqa.selenium.OutputType;
import org.openqa.selenium.TakesScreenshot;
import org.openqa.selenium.WebDriver;
import org.openqa.selenium.WebElement;
import org.openqa.selenium.chrome.ChromeDriver;

public class ShotImgDemo {
    public static void main(String[] args) throws IOException {
        // 加载chromedriver.exe
        System.setProperty("Webdriver.chrome.driver",
                "D:\\Program Files (x86)\\Google\\Chrome\\Application\\chromedriver.exe");
        // Chrome浏览器驱动
        WebDriver WebDriver = new ChromeDriver();
        // 窗口最大化
        WebDriver.manage().window().maximize();
        // get请求，需要打开的Web页面的地址
        WebDriver.get("http://10.100.83.8:8080/AucmaServiceZJ/");
        // css选择器，定位class=username的input标签，此例中为登录按钮
        WebElement uname = WebDriver.findElement(By
                .cssSelector("input.username"));
        // 清除文本框中原先内容
        uname.clear();
        // 向元素里添加用户名
        uname.sendKeys("admin");
        // css选择器，定位class=password的input标签，此例中为密码输入框
        WebElement upwd = WebDriver.findElement(By
                .cssSelector("input.password"));
        // 向元素里添加密码
        upwd.sendKeys("admin");
        // 第一次截图操作代码
        File screenshot = ((TakesScreenshot) WebDriver)
                .getScreenshotAs(OutputType.FILE);
        // 设置图片保存路径以及保存格式
        FileUtils.copyFile(screenshot, new File("D:/login/AucmaLogin.jpg"));
        // css选择器，定位class=login-btn的input标签，此例中为登录按钮
        WebElement btn = WebDriver.findElement(By
                .cssSelector("input.login-btn"));
```

```
// 执行单击该元素操作
btn.click();
// 第二次截图操作代码
File screenshot2 = ((TakesScreenshot) WebDriver)
        .getScreenshotAs(OutputType.FILE);
// 设置图片保存路径以及保存格式
FileUtils.copyFile(screenshot2, new File("D:/login/LoginSuccess.jpg"));
// 在控制台打印信息，提示完成测试
System.out.println("SUCCESSS");
// 关闭浏览器
WebDriver.close();
    }
}
```

2. 运行结果

在 D:\login 下先后生成了名为"AucmaLogin.jpg"和"LoginSuccess.jpg"的图片，如图 11-2 ～图 11-4 所示，若原先没有 D:\login 目录，系统会自动创建该存放目录。

图11-2　截图保存结果

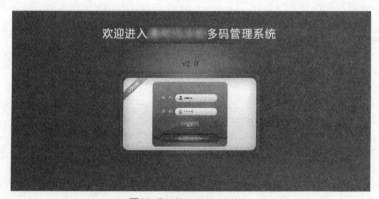

图11-3　AucmaLogin.jpg

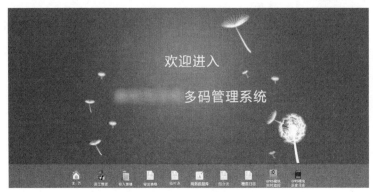

图11-4　LoginSuccess.jpg

3. 自动化脚本在页面测试中的应用

对于页面显示，通过编写特定的自动截图脚本代码自动保存静态的网页，还可以通过少量代码修改应用于同一类的页面测试，节省了大量的手动测试的时间，同时也方便了测试结果的存档。测试人员通过观察分析被分类和存档后的页面图片，即可方便地查找各种显示问题，不用一次次地打开、切换各个浏览器。

如果要对某一页面元素进行测试，此元素执行的前提条件是需要多个手动操作步骤完成，为了测试此元素，测试人员通常手动进行各种操作之后执行，这需要大量时间。而通过编写一次测试脚本代码，可完全模拟人的手工操作，且对于同一类元素的测试，可视具体情况修改少量代码，这样便可自动适应不同环境下的执行条件，节省了大量手工操作的成本，大大精简了各种重复式的手工劳动，节省了资源。

11.3.4　自动化页面分辨率测试

使用 Chrome 浏览器，设置浏览器分辨率，并截图。

以测试邮箱登录页面为例，将脚本代码中的窗口调整代码更改为需要测试的分辨率。

```
// 窗口最大化
WebDriver.manage().window().maximize();
```

修改为以下代码。

```
//自定义窗口打开尺寸，将浏览器的大小自定义为600*400
WebDriver.manage().window().setSize(new Dimension(600, 400));
```

运行结果如图 11-5 所示。

图11-5　分辨率测试运行结果

图片实际效果如图 11-6 所示。

图11-6　图片实际效果（Login600x400.jpg）

　　在分辨率测试应用中，编写上述代码，自动化测试脚本根据代码自动调整分辨率，保存截图的代码，自动存档。若采用手动测试，测试人员可能需要手动调整各种分辨率的窗口，再进行其他操作，例如截图、存档并分析。由此可见，手动测试步骤繁杂，且重复性劳动比较多；自动化测试只需编写一次代码，可节省大量的操作时间，且测试结果的存档也更加方便和系统化。

软件测试管理基础

12

软件测试管理是软件工程中项目管理的重要内容。软件测试管理是一种活动，可以对测试活动中的各个阶段进行管理、跟踪，记录其结果，并将结果反馈给系统的开发者和项目的管理者。同时，还可以将测试人员发现的错误及时记录下来，生成问题报告并对其进行管理。

软件测试管理贯穿于整个软件测试过程，详细来说，包括测试需求管理、测试文档管理、测试缺陷管理、测试过程管理、需求文档评审、标准和测试过程改进、测试工具与自动化、团队建设等多个环节。在本章中，我们主要对测试活动中比较重要的测试需求管理、测试文档管理以及缺陷管理进行讲述，其他部分会在各小节中穿插讲述。

12.1 软件测试管理简介

12.1.1 软件测试管理的概念

软件测试管理是软件工程中项目管理的重要内容，同时也是保证软件产品质量的重要手段。软件测试管理是为了使软件测试项目能够按照预定的成本、进度、质量顺利完成，而对成本、人员、进度、质量和风险等进行分析和管理的活动。

测试管理的目标就是在进度、成本、质量三者之间做出权衡，使产品符合客户需求。它通过制定完善可行的测试计划、组建合适的测试团队、按照项目进度完成计划，确保测试技术在项目生命周期内顺利实施。

12.1.2 测试管理的内容

软件测试管理应该贯穿于整个测试过程，测试经理和其他测试负责人需要详细了解测试过程中的测试活动，并进行有效管理。软件测试管理一般包括软件测试需求管理、软件测试团队管理、软件测试文档管理、软件测试缺陷管理、软件测试环境管理、软件测试过程管理、软件测试配置管理、软件测试资源管理等。

（1）软件测试需求管理。通过人为和技术的手段、方法和流程，来保证和监督测试团队明确测试软件产品的目标。也就是说，测试工程师以及开发工程师、项目经理、高层管理团队等关心测试产出物的相关人员对测试该软件产品的功能、性能、安全性、可靠性和其他方面的期望和要求。

（2）软件测试团队管理。测试团队管理是软件测试管理非常重要的基础，测试人员的态度、素质和能力决定着测试的效果。正所谓"以人为本"，所有的测试活动都是由测试人员组织进行的，整个测试团队的测试水平都对软件的测试结果有着决定性的影响。测试团队的管理就是对测试过程中涉及的测试人员进行组织管理、任务分配等。

（3）软件测试文档管理。软件测试过程中所涉及的文档主要有测试计划、测试设计规格说明、测试用例规格说明和缺陷报告等。测试文档本身就是强调对测试活动的规范化管理，文档可以作为一种工具，用于项目成员之间的沟通与表达，从而指导项目的进行。

（4）软件测试缺陷管理。缺陷管理是测试活动中的一个重要内容，就是对测试过程中已知的缺陷进行记录并跟踪管理，直到开发人员将缺陷解决，然后对每个测试版本的缺陷进行统计分析。

（5）软件测试环境管理。测试环境是指为了完成软件测试工作所必需的计算机硬件、软件、网络设备、历史数据的总称，以及测试工作所用的场地实验室等。稳定和可控的测试环境，可以使测试人员花费较少的时间执行测试用例，也无需为测试用例、测试过程的维护花费额外的时间，并且可以保证每一个被提交的缺陷都可以在任何时间都能被准确地重现。

（6）软件测试过程管理。软件测试过程管理是一种对过程进行约束的管理活动，为了使测试活动系统化、工程化，必须合理地进行软件测试过程管理。软件测试过程管理主要集中在软件测试项目启动、测试计划制定、测试用例设计、测试执行、测试结果审查和分析以及测试过程中管理工具的使用等方面。

（7）软件测试配置管理。软件测试中的配置管理是软件配置管理的子集，作用于测试的各个阶段，主要对在测试活动中发生的变化进行管理（测试环境的变化和有关人员的变化除外）。其管理对象包括测试计划、测试用例、测试版本、测试工具、测试结果等。

（8）软件测试资源管理。软件测试资源管理包括对人力资源、工作场所、相关设施和技术支持的管理。它的工作内容与团队管理和环境管理的内容有重叠。本书中并不对它进行单独介绍，但下文中为描述方便会用到它，读者只需了解即可。

12.1.3 测试管理的实施

对测试活动进行管理是一项繁重的工作，我们也不可能给出一套具体的管理实施过程。具体的管理过程是随具体项目而定的，下面我们总结一个通用的管理实施步骤，仅供参考。

一般测试管理实施过程包括以下几步。

（1）分析测试需求，明确测试范围，建立需求规格说明。

（2）根据需求规格说明，识别软件测试所需的过程及其应用，即测试计划、测试设计、测试的实施、资源管理、配置管理和测试管理。

（3）确定这些过程的顺序和相互作用，前一过程的输出是后一过程的输入。其中，配置管理和资源管理是这些过程的支持性过程，测试管理则是对其他测试过程进行监督、测试和管理。

（4）确定这些过程所需的准则和方法。一般应制订这些过程形成文件的程序，即各种文档的流程，以及监督、测量和控制的准则和方法。

（5）确保可以获得必要的资源和信息，以支持这些过程的运行和对它们进行监督。

（6）监视、测量和分析这些过程。

（7）实施必要的改进措施。无论在什么时候，一旦发现某些过程的实施性差，或者某些方法不能发挥出预期的作用，就要及时对其进行改进。

12.2　软件测试需求管理

首先了解一下测试需求的概念。软件测试需求定义了软件测试工作的范围和内容，是进行其他测试活动的基础，同时也是软件测试管理的基础。一般来说，测试需求是指根据程序文件和质量目标对软件测试活动所提的要求，它是综合用户需求、软件需求规格说明书以及更多的隐形需求的并集（隐形需求指没有明确说明，隐藏在用户期望之中的需求，比如通用业界标准、软件行业标准、约定俗成的规范处理等）。

12.2.1　测试需求的获取与分析

1. 获取测试需求

依据"尽早测试"和"全面测试"的原则，在需求获取阶段，测试人员就可参与到对需求的分析讨论之中。测试人员与开发人员及用户一起分析需求的完善性与正确性，并从可测试性角度对需求文档提出建议。（注意，这里所说的"需求"是指软件需求，一个软件产品包含多个需求，一个需求可以包含多个测试需求，即可以从需求中提取出测试需求。）

具体方法是：测试人员对需求进行拆分细化，使得拆分的每个点都可以作为一条验证确认项，并可用测试用例去覆盖，拆分后的需求即可作为测试的需求，整理并形成软件测试需求文档。

2. 分析测试需求

对软件测试要解决的问题进行详细的分析，确定参与测试活动的相关人员对软件测试活动和交付物的要求，包括需要输入什么数据、要得到什么结果、最后应输出什么。

实践表明，测试人员尽早参与到软件需求的获取和分析中，有助于加深测试人员对软件需求的把握和理解，可使测试人员比较容易地制订出完善的测试计划和方案，从而提高测试需求的质量。

通常，我们应该在测试过程中提取更多的隐性需求，如对于不同类型的不符合预期的输入，系统应该如何正确处理。其次，我们应该学习了解业界通用规范，遵从软件行业的标准，生成对应的软件测试项。在生成测试需求的过程中，需求分析人员需要与客户、项目经理等相关人员进行良好的沟通。

12.2.2　测试需求状态管理

测试需求状态是指软件测试需求的一种状态变换过程。在测试活动中，测试需求可能存在以下几种状态。

（1）只知道大致需求，具体细节还需细化。

（2）已经初步确定，等待评审。

（3）已经确定，并经过团队评审，在可预期的未来不会发生变更。

（4）已经评审完毕，正在设计、实现测试用例的测试需求。

（5）完成设计、实现测试用例的测试需求。

显然，测试需求的这些状态是可以互相转换的。在不同风格的软件测试管理方法或工具中，定义的软件测试需求状态也不尽相同，但只要符合实际项目测试需求管理要求的状态分类即可。

在本书后续章节介绍的软件测试管理工具 TestLink 中，就将软件测试需求的状态分为草案、审核、修正、完成、实施、有效的、不可测试的和过期 8 种。

12.2.3　测试需求变更管理

需求的获取和完善贯穿于每个阶段，对需求的把握很大程度上决定了测试能否成功。

随着测试工作的展开，软件测试需求不是一成不变的。软件需求的变化，软件测试干系人的期望和人员、进度、预算变化等，都可能引起软件测试需求的变化。

需求变更是正常的，并不可怕，可怕的是需求变更得不到控制。一旦需求发生变化，就不得不调整测试计划、修改测试用例等，给项目的正常进行带来许多麻烦。所以，就需要对软件测试需求实施变更管理。

具体对需求变更的处理工作如下。

（1）提出软件测试需求变更申请，这可以由测试团队内部发起，也可以由外部提出。

（2）提出变更申请后，要分析变更的必要性和合理性，确定是否实施变更。

（3）记录变更信息，填写变更控制单，提交变更申请。

（4）随后还需要对变更控制单做出更改，并交给上级审批。

（5）待审批通过后，就要修改相应的软件测试工作，如更新测试用例等，并确定新的版本。

（6）经评审后，就可以正式发布新版本的软件测试需求说明书。

在测试工作过程中，对变更进行分析，可以很好地了解项目当前的状态。在每个迭代周期结束的时候进行回顾，分析软件测试工作中变更的产生原因和解决方法，并评估当时采取的措施是否合理有效，再遇到类似情况是否有更有效的措施，促使测试团队的应变能力不断得到提高。

12.2.4　测试需求跟踪管理

软件测试需求跟踪是指跟踪软件测试需求使用期限的全过程，它是通过建立测试需求与其来源、与其测试用例之间的双向跟踪关系来实现的。实施软件测试需求跟踪为我们提供了由需求到完成软件测试工作整个过程范围的明确查阅能力。测试需求跟踪管理可以利用需求跟踪矩阵来表示，当需求发生变更时，可以根据双向跟踪关系分析变更影响范围。如针对一个业务功能的变更，可以分析出这个变更将影响到哪些软件需求功能，这些软件功能是否需要变更，相应的哪些设计模块、代码文件、测试需求、测试用例会受到影响，它们是否需要变更。及时可靠地对软件测试需求进行跟踪，使得维护时能正确、完整地实施变更，从而提高生产效率。

12.2.5　测试需求文档版本管理

通过上述学习我们知道，测试需求是不断变更的，每次修改的结果就是产生新版本的测试需求文档。软件测试需求文档的版本管理是很有必要的，它是软件测试需求管理的基础。

对于同一软件测试需求文档，在不同时期被测试团队中不同的人员编辑，记录下每次编辑的增量，建立每个版本之间的联系与区别，必要的情况下还可以回滚到某个版本。软件测试需求文档有了良好的版本管理之后，我们可以同时调阅多个历史版本进行比较分析。

12.3　软件测试文档管理

12.3.1　测试文档概述

测试文档通过书面或图表的形式对测试活动的过程或结果进行描述、定义及报告，比如测试的目的、流程、范围、标准、策略及缺陷的信息等。

1. 软件测试文档的分类

根据 GB/T 9386—2008《计算机软件测试文档编制规范》，测试文档主要分为测试计划、测试说明和测试报告 3 类。

测试计划描述测试活动的范围、方法、资源和进度，说明本计划所针对的测试类型（如功能测试或性能测试），规定被测试的项及其特性、应完成的测试任务、负责每项工作的人员以及与本计划有关的风险等。

测试说明包括 3 类文档，即测试设计说明、测试用例说明及测试规程说明，具体描述如下。

（1）测试设计说明：详细描述测试方法，并标识该测试设计和相关测试所覆盖的特征，因为在项目测试活动中，测试设计说明文档不止存在一份，还要标识涉及的测试用例和测试规程。

（2）测试用例说明：将用于输入的实际值以及预期的输出形成文档，并将该文档标识在使用具体测试用例时对测试规程的约束中。将测试用例与测试设计分开，可以使它们用于多个设计，并能在其他情形下重复使用。

（3）测试规程说明：标识为实现相关测试设计而运行系统并执行指定的测试用例所要求的所有步骤。测试规程与测试设计分开，特意明确要遵循的步骤，而不宜含有无关的细节。

测试报告包括 4 类文档，即测试项传递报告、测试日志、测试事件报告和测试总结报告，具体描述如下。

（1）测试项传递报告：指明在开发组和测试组独立工作的情况下或者在希望正式开始测试的情况下为进行测试而被传递的测试项。

（2）测试日志：测试组用于记录测试执行过程中发生的情况。

（3）测试事件报告：描述在测试执行期间发生并需要进一步调查的任何事情，又叫测试缺陷报告（下文中，我们统一用"测试缺陷报告"这一名词）。

（4）测试总结报告：用来总结测试活动和测试结果的文档。

2. 软件测试文档之间的关系

上述文档与其他文档之间的关系如图 12-1 所示。

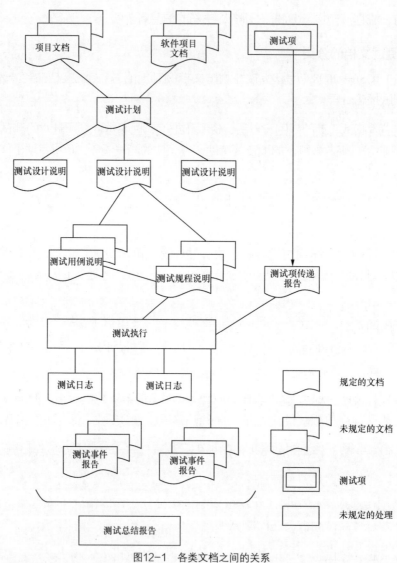

图12-1　各类文档之间的关系

12.3.2　测试文档的重要性

从本质上讲，测试文档强调的是规范化管理，要求项目成员利用书面语言进行沟通和表达，以指导项目进行。比如，如果测试人员在测试过程中发现程序中存在缺陷，需要提交测试缺陷报告，然后编程人员根据缺陷报告确定需要修改的程序部分，并记录修改结果，形成完整的软件测试缺陷报告。

测试文档有如下重要性。

（1）规范、齐全的文档可以提高项目测试过程的透明度，便于团队成员之间的交流与合作，有助于各成员共同把握测试和开发的进度、范围和资源的调配。

（2）文档化能规范测试，提高测试效率。

（3）详尽的测试文档对项目的"传承"起着重要的作用，当项目中有新成员加入时，测试文档可以指导新成员快速了解项目并进入工作，不再一味地依赖老成员的指导，也节省了老成员的时间。

（4）测试文档还可以增加项目成员的经验。测试人员不应为了测试文档而写文档，在测试过程中，要及时做出工作总结，找到自己的不足之处，不断积累经验。

（5）详尽和规范的测试文档成果不仅有利于加快项目进度，还有利于项目验收。

（6）实际上，测试文档是一种工具，一个软件项目的测试是否高质量的完成，一般可以从两个方面进行评价：一是能否提供高质量的测试活动和结果，二是能否提供有效的测试文档。高质量的测试文档是前者高质量完成的证明。所以在项目测试中，我们要建立一套良好的测试文档管理体制，使项目中的文档发挥其应有的作用。

12.3.3 测试文档的管理

如前文所述，测试文档对于软件测试活动的作用是毋庸置疑的，但测试文档的管理却又通常是项目管理中最容易忽略的（本章开头部分已介绍，测试管理是项目管理的一部分）。

在实际项目测试中，在测试文档管理方面，经常存在以下问题。

（1）文档编写不够规范。体现在测试文档内容描述不够完善、文档流于形式而没有实际的价值，甚至有的测试文档与测试过程不符。

（2）测试文档没有同意入库管理。随着测试活动的进行，各种类型及各种版本的测试文档不断增加，然而工作人员忽视了对文档的整理和分层次管理，使文档随意存在，使查询测试文档变得困难。

究其原因，主要是因为管理者管理不善。员工编写文档不规范，管理者应该为其指出问题并引导其规范化。对于已完成的文档，管理者应该及时整理入库，使各种测试文档有层次、有序地存在。

对测试文档的管理，要注意以下几个方面。

（1）建立测试文档管理制度。主要体现在两点：第一，要对测试文档的名称、标识、类型、责任人、内容等基本内容作出实现安排，给出测试文档总览表；第二，制定对各种测试文档的管理程序，如批准、发布、修订、标识、贮存、传递、查阅等，为测试文档管理搭建一个良好的基础平台。

（2）文档版本管理。版本混乱是测试文档的一个致命伤，要实现测试文档的有效管理，必须施行版本控制，实施方法是借鉴测试需求文档版本管理方法。

（3）创建测试文档的访问规则。这是文档管理的重要环节。访问规则即确定谁是否具有访问、阅读、升级以及在文档库中添加文档的权限。这样可以限制文档被无关人员查阅、修改等，避免可能引起的对文档的失控造成混乱情况的发生。同时，文档库还应该定期进行检查，以便确定对哪些文件进行存档或对哪些旧文件进行清理，以确保文档管理符合项目测试组的需求。

（4）使用工具管理测试文档。工具可以简化人力劳动，提高劳动效率。对于一个大型的测试项目，整个测试周期中都会产生大量的文档，文档的内容也在不停地变化，有的是连续的、承前启后的，有的是新增加的，也有的是废除的。可以想象，这样一个管理工作是繁重的，会很容易出现管理不当等情况。这时，我们需要一个统一的文档管理工具，来分门别类统一存放管理各种测试文档。一般而言，软件测试管理工具中会有文档管理的部分，在下一章中将要介绍的 TestLink，就可以实现对文档进行层次化管理。

总之，测试文档在软件测试过程中扮演着重要的角色，测试文档是测试活动规范的体现和指南，按照规范要求编制的一整套测试文档的过程，其实就是完成一个测试项目的过程，读者可耐心体会。

12.3.4　测试文档模板简介

为了使项目中的文档规范化，可以事先制定好文档所要描述的内容和编写的格式。下面介绍一些基本测试文档的模板，但应注意，在实际项目测试中要根据需要灵活设计模板，对一些文档描述项做增减。

1. 测试计划文档

测试计划文档模板如图 12-2 所示。

测试计划名称

1. 测试计划标识符
为该测试计划规定一个唯一的标识符。

2. 概述

2.1　项目简介

图12-2　测试计划文档模板

介绍测试项目的特征和背景，以及其实现的主要功能。

2.2 测试范围

规定本次测试活动中进行操作、活动等的范围。比如说明本测试计划针对测试项目中的哪一部分或者全部功能模块进行测试。

3. 约定

3.1 定义

对测试术语和习惯用语的解释，以及给出缩写词的原意。

3.2 标识符命名规则

规定对测试计划相关文档或测试用例的标识符的命名规范，一般为：项目名 + 功能模块名 + 序号。

3.3 测试地点

指出进行测试的场所。

4. 测试环境配置

详细说明测试环境必要的和希望的特性。详细内容应包括各种设施的物理特性。这些设施包括硬件、通信和系统软件、使用方式以及其他支撑测试所需的软件或设备。还需规定这些测试设施、系统软件和专有组成部分（例如：软件、数据和硬件）所需的安全等级。此外还需要指出必要的特殊测试工具及其他测试要求（例如：出版物或办公场地等）。

5. 测试人员的职责

规定测试中开发人员、测试人员、操作员、用户代表、技术支持人员、数据管理员和质量保证人员的相关职责。

6. 测试策略

6.1 测试项

描述被测试的对象，包括其版本、修订级别。

（1）被测试的模块

规定所有被测试的软件模块及其组合，并标识与每个模块或每个模块组合有关的测试设计说明。

图12-2　测试计划文档模板（续）

（2）不被测试的模块

指出不被测试的所有模块和模块的有意义的组合及其理由。

6.2　测试重点

说明需要重点测试的功能点、业务逻辑等。

6.3　风险预测与应急

对测试中可能出现的风险作出假设，并对各种风险提出应急措施（例如：测试项的延期交付可能需要加班以满足交付日期）。

6.4　测试方法

描述测试的总体方法。对于每个主要的模块组或模块组合组，规定要确保这些模块组得到充分测试的方法。规定用于测试指定的模块组所需的主要活动、技术和工具。

应详尽地描述方法，以便标识出主要的测试任务，并估计执行各项测试任务所需的时间。

6.5　测试项通过准则

规定各测试项通过测试的标准，或者测试失败的标准。

6.6　暂停准则和恢复要求

规定暂停与该计划有关的测试项的全部或部分测试活动的准则，及恢复测试时必须重复的测试活动。

7.　测试任务和进度

描述准备和执行测试所需要的任务集合，标识各项任务间所有的依赖关系，并估计完成各项测试任务所需要的时间。

8.　测试提交物

规定测试活动应提交的文档。宜交付的文档可有下列文件：测试计划、测试设计说明、测试用例说明、测试规程说明、测试项传递报告、测试日志、测试缺陷报告、测试总结报告等。

9.　参考文档

测试计划所引用的其他文档。

10.　测试计划审批

规定本计划必须由哪些人（姓名和职务）审批。

图12-2　测试计划文档模板（续）

对于测试策略的描述，如表 12-1 所示（仅供参考）。

表 12-1　xxx 集成测试策略

项目	解释
测试目标	GPRS 实时监控系统的数据流的正确性
测试范围	GPRS 实时监控系统的 Web 端和 Socket 端所构成的各个模块集成
技术	根据基于风险或功能的集成、自底向上集成的指导思想编写集成测试用例，并用 Mock 及 kockito 进行测试
开始标准	集成测试环境配置完成，单元测试完成且没有缺陷
完成标准	测试过程中发现的缺陷得以解决
测试重点和优先级	优先测试信息接收和信息同步模块，然后依据业务流程进行测试
需考虑的特殊事项	代码分散程度、错误可见性、时间等对集成测试进度有所影响的相关因素
备注	略

对于测试任务和进度的描述如表 12-2 所示（仅供参考）。

表 12-2　测试进度表（部分）

测试阶段	测试任务	工作量估计	人员分配	起止时间
单元测试	根据指导思想理顺 qr 项目需要测试的内容	半天	高工，杨工	2016.8.5—2016.8.5
	按照 DAO 到 service 的测试顺序，对 5 个查询条件都不空的情况进行测试	半天	高工，杨工	2016.8.10—2016.8.10
	根据逻辑覆盖法，找出最佳的测试输入数据，使用 JUnit 进行测试	半天	高工，杨工	2016.8.12—2016.8.12
	使用 JUnit 结合逻辑覆盖测试方法，对 5 个查询条件的判定逻辑进行测试	半天	高工，杨工	2016.8.17—2016.8.17
	对 details 接口中的流程进行测试	半天	高工，杨工	2016.8.20—2016.8.20

2. 测试用例说明

测试用例说明模板如图 12-3 所示。

测试用例说明名称

1. 测试用例说明标识符

为该测试用例说明规定唯一的标识符。

2. 测试项

规定并简要说明本测试用例所要涉及的软件项和特征。

3. 输入说明

图12-3　测试用例说明模板

对执行测试用例时的各个输入项进行说明。有些输入可以用值（必要时允许适当的容差）来规定，而其他输入（如常数表或事务处理文件）可以用名称来规定，并说明所有合适的数据库、文件、传送的值，以及各输入项之间的相互关系。

4. 输出说明

规定测试项所有要求的输出和特征（例如响应时间），并提供各个输出或特征的正常值范围。

5. 环境要求

包括硬件、软件、特殊的规程要求以及测试用例之间的相互依赖的关系。

5.1 硬件

规定执行该测试用例所需的硬件特性和配置（例如，132 个字节 ×24 行的显示器）。

5.2 软件

规定执行该测试用例所需的系统软件和应用软件，可以包括系统、编译程序和测试工具之类的系统软件，以及与该测试项有交互的应用软件。

5.3 特殊的规程要求

描述对该测试用例的执行规程的任何特殊约束。这些约束可以包括特殊的装置或设置、操作者的干预、输出确定规程以及特定的清除过程。

图12-3　测试用例说明模板（续）

对于测试用例的描述如图 12-4 所示（仅供参考）。

项目名称			
程序版本		用例编号	
编制人		编制时间	
功能描述			
用例目的			
测试类型			
前提条件			
测试方法与步骤	输入		
	期望输出		
测试结果			
功能完成	是（　）否（　）		
备注			

图12-4　xx模块xx测试用例

图 12-4 比较适用于功能测试方面的测试用例表述，如性能测试部分的测试用例，如图 12-5 所示（仅供参考）。

用例名称					
用例标识			关键字		
用例描述					
用例初始化					
测试过程					
序号	步骤名称	输入及操作说明	期望结果	评估标准	备注
1					
2					
3					
4					
前提和约束					
过程终止条件					
结果评估标准					
测试记录					
设计人员			设计日期		

图12-5 yy模块yy测试用例

在实际测试项目中，我们可以根据实际需要灵活设计表格中的项。

3．测试缺陷报告

测试缺陷报告模板如图 12-6 所示。

测试缺陷报告名称

1．测试缺陷报告标识符

为该测试缺陷报告规定唯一的标识符。

2．概要

概述该缺陷。说明所涉及的所有测试项，指出其版本或修订级别。应提供对有关测试规程说明、测试用例说明和测试日志的引用。

3．缺陷描述

对有助于确定缺陷发生原因及改正其中错误的相关因素进行描述。应包括输入、预期结果、实际结果、异常现象、缺陷严重性、缺陷优先级、日期和时间、重现步骤、环境、重复执行的意图以及测试者。

4．影响

指出本缺陷对测试计划、测试设计说明、测试规程说明或测试用例说明所产生的影响。

图12-6 测试缺陷报告模板

对于缺陷报告的描述模板如图 12-7 所示（仅供参考）。

日期	测试人员姓名
测试模块	
缺陷描述	
重现步骤	
缺陷严重程度	优先级

图12-7　缺陷报告的描述模板

缺陷严重程度和缺陷优先级是两个不同的概念。缺陷严重程度是指软件缺陷对软件质量的破坏程度，即该软件缺陷的存在将对软件的功能和性能产生怎样的影响。缺陷优先级是指处理和修正软件缺陷的先后顺序的指标，即哪些缺陷需要优先修正，哪些缺陷可以稍后修正。一般而言，严重程度高的缺陷具有较高的优先级，但并不总是一一对应的。举例来说，页面单词拼写错误属于缺陷严重程度比较低的情况，但若是软件名称或公司名称的拼写错误，则必须尽快修正，这就对应了较高的优先级。

12.4　软件测试缺陷管理

12.4.1　软件测试缺陷概述

软件缺陷是指计算机或程序中存在的某种破坏正常运行能力的问题、错误，或者隐藏的功能缺陷。在 IEEE Standard 729 中对软件缺陷下了一个标准的定义：从产品内部看，软件缺陷是软件产品开发或维护过程中所存在的错误、毛病等各种问题；从产品外部看，软件缺陷是系统所需要实现的某种功能的失效或违背。

缺陷会导致软件产品在某种程度上不能满足用户的需要。缺陷会导致起软件运行时产生不希望或不可接受的外部行为结果，缺陷可能出现在程序、设计中，甚至出现在需求规格说明书或其他文档中。

在软件开发的过程中，缺陷的出现是难免的。软件开发过程中的任何一个部分都有可能产生缺陷，而这些缺陷的来源主要有下列 4 个方面：不理解造成的缺陷、二义性造成的缺陷、遗漏造成的缺陷、疏忽造成的缺陷。其中，前 3 种缺陷主要存在于软件开发的前期阶段，如需求分析阶段、设计阶段、编码阶段。由疏忽造成的缺陷是必然的，也是多种多样的，此类错误是不可预测也不可估计的。因为不同的人、不同的软件、同一个人在不同的时刻很难说会犯什么错误。产生缺陷的原因是多方面的，比如产品的复杂程度，项目成员间沟通不良，开发人员疲劳、压力过大或者受到干扰，缺乏足够的知识、技术和经验，不了解客户的需求等。

12.4.2　软件测试缺陷的状态

在下一章中，我们会介绍 Mantis 缺陷管理工具的使用，在该管理系统中缺陷的状态主要有以下几种。

（1）新建（new）：测试人员报告一个新的缺陷，并且没有将该缺陷指派给具体的开发人员修改。

（2）打回（feedback）：开发人员认为此缺陷不需要修改，反馈该结果，然后测试人员和开发人员评估讨论后，决定是否将其关闭。

（3）公认（acknowledged）：该缺陷在大部分模块或页面中都会出现。

（4）已确认（confirmed）：开发人员确认存在此缺陷，并准备修改。

（5）已分配（assigned）：将新建缺陷指派给了某个指定的开发人员。

（6）已解决（resolved）：开发人员确认缺陷已经解决，测试人员可以进行验证测试。

（7）已关闭（closed）：确认缺陷已解决，并关闭。

另外，缺陷存在以下几种解决状态。

（1）未处理（open）：缺陷没有被解决。

（2）已修正（fixed）：缺陷被修改和记录过。

（3）重新打开（reopen）：缺陷曾经被解决，但是解决方案被认为不正确。

（4）无法重现（unable to reproduce）：被指派的开发人员想要重现缺陷时发现缺陷始终不能再现。

（5）无法修复（not fixable）：无法修复这个缺陷。

（6）不是问题（no change required）：经理和相关开发人员经过需求和设计的核实后决定不修改。

（7）暂停（suspended）：延期，一般是指当期版本不进行修改，下个版本再提供解决方案。

（8）不做修改（won't fix）：不准备修改这个缺陷。

缺陷的状态主要是由质量保证人员来设置修改，而解决状态则是由相关开发人员和项目经理来进行修改。但是也并不完全如此，中间还有交叉的几项，例如状态中的"打回"是当开发人员或者项目经理没有看明白缺陷的描述的时候将缺陷设置成的状态，而解决状态中的"重新打开"则应该是质量保证人员在测试相关解决方案后，发现了不正确的内容，之后将解决状态修改为"重新打开"。

12.4.3　软件测试缺陷的严重性

缺陷的严重性可分为以下 5 种级别。

（1）A 类：严重缺陷，造成系统或应用程序崩溃、死机、系统挂起，或造成数据丢失，主要功能完全丧失，导致本模块或相关模块出现异常等。包括：由软件程序引起的死机、非法退出、死循环；数据库发生死锁；数据通信错误；严重的数值计算错误等。

（2）B 类：较严重缺陷。系统的主要功能部分丧失，数据不能保存；系统的次要功能完全丧失；问题局限在本模块，导致模块功能失效或异常退出。包括：功能不符、数据流错误、程序接口错误、轻微的数值计算错误等。

（3）C 类：一般性缺陷，次要功能没有完全实现但不影响使用。包括：页面错误；输出内容、格式错误；简单的输入限制未放在前台进行控制；删除操作未给出提示等。

（4）D 类：较小缺陷，使操作者不方便或遇到麻烦，但不影响功能的操作和执行。包括：辅助说明描述不清楚；显示格式不规范；长时间操作未给用户进度提示；提示窗口文字未采用行业术语；可输入区域和只读区域没有明显的区分标志；系统处理未优化等。

（5）E 类：测试建议，此类描述的不是缺陷，而是在测试过程中对程序提出的一些改善建议，比如页面重构、描述更改、流程改进等。

12.4.4　软件测试缺陷的优先级

缺陷的优先级，是综合权衡修改缺陷的时间、成本、技术和风险，决定缺陷修改的先后顺序。一般而言，会把优先级分为 4 个等级（P1～P4），描述如下。

（1）立即解决（P1）：缺陷导致系统几乎不能使用或者测试不能继续，需要立即修复。

（2）高优先级（P2）：缺陷严重影响到测试，需要优先考虑。

（3）正常排队（P3）：缺陷正常排队，等待修复。

（4）低优先级（P4）：缺陷可以在开发人员有时间的时候再被纠正。

在 Mantis 缺陷管理中，将缺陷的优先级分为 6 个等级，分别如下。

（1）None：相关的缺陷已经得到解决并不存在了，或者觉得优先级没有必要体现。

（2）Low：低优先级，留到最后解决，如果项目的进度很紧张可以在产品发布之前不解决。

（3）Normal：中等优先级。

（4）High：高优先级，将处于 Immediate 和 Urgent 优先级的缺陷修改完毕后，再修改此等级的缺陷。

（5）Urgent：紧急优先级，一到两天之内必须进行修改。

（6）Immediate：特急优先级，需要立即进行修改。

需要说明的是，优先级的选择问题与缺陷报告者的理解有很大关系，不同的报告人员对于同一个缺陷可能会选择不同的优先级，一般主要是根据自己的经验和理解来做出比较合理的选择。

12.4.5　软件测试缺陷的管理过程及方法

软件测试管理的一个核心内容就是对软件缺陷的管理，其实就是对软件缺陷生命周期进行管理。软件缺陷生命周期的控制方法是在软件缺陷生命周期内设置几种状态，测试人员、开发人员、管理者从每一个缺陷产生开始，通过对这几种状态的控制和转换，管理缺陷的整个生命历程，直至它走入关闭状态。

对软件缺陷进行管理，有利于保证信息的一致性，使缺陷得到有效的跟踪和解决，缩短沟通时间，更高效地解决问题。而且，在对缺陷的管理过程中，可以更方便地获得正确的缺陷信息，利于缺陷分析、产品度量，加强项目状态的可视化。

软件缺陷管理的过程主要包括提交缺陷、分析和定位缺陷、制定解决方案、实施解决方案、验证缺陷等一系列技术措施。

1．提交缺陷

测试人员发现缺陷后，依照所属部门的缺陷描述模板（缺陷描述模板参考前文介绍的缺陷报告模板），将缺陷信息填写完整。描述语言尽量简洁、清晰、完整，尽量选用所属部门常用的词语进行描述，尽量不要出现生僻词。然后测试组长进行检查，确认缺陷信息填写是否完整、描述是否清晰等。此时缺陷生命周期开始，状态为 new。

2．分析和定位缺陷

分析开发组长分析提交的缺陷是否有效，若有效，状态修改为 open，无效则为 rejected。

open 状态的缺陷要根据出现的模块分配给相关开发人员,由开发人员进行修复。

3. 制定解决方案

开发人员拿到缺陷报告后,进行缺陷重现,分析缺陷出现的原因,找到解决办法,提交解决方案。

4. 实施解决方案

待解决方案通过后,实施修改,并记录每一次的修改事件。此时缺陷的状态被改为 fixed。开发人员将缺陷处理完毕后,将处理信息反馈给测试人员。

5. 验证缺陷

缺陷处理完后,由测试人员进行回归测试。回归测试通过,缺陷状态改为 closed。否则缺陷状态改为 reopen,此时缺陷回滚到第二步。还有一种情况,有时修改缺陷的同时也会引入新的缺陷,新的缺陷进入第一步,状态为 new。

每当缺陷的状态发生改变时,相关人员都要给出相应的注释和说明,以便查看缺陷的生命周期变化情况。只有当发现的所有缺陷的状态都为 closed 时,产品才达到质量要求,可发布新版本。

测试管理工具

13

软件测试工具分为自动化软件测试工具和测试管理工具。前者是为了提高测试效率，用软件代替一些人工的输入；后者是为了提高软件测试的价值。

测试管理工具是指在软件开发过程中，对测试需求、测试计划、测试用例和测试执行过程等进行管理，以及对软件缺陷进行跟踪处理的工具。在执行测试的过程中，测试管理工具不是必须的，因为我们可以依靠测试管理人员和一系列的文档来进行管理。但它的确是很有必要的，尤其在面对大型软件测试项目时。在复杂的测试过程中，要求软件测试人员能对软件进行系统、全面、严谨的测试，辅助测试管理工具可以让我们更好地对测试项目进行高效率、有条理的管理和组织，提高产品的质量。

13.1 测试管理工具简介

通过使用测试管理工具，测试人员或开发人员可以更方便地记录和监控每个测试活动、测试阶段的结果，找出软件的缺陷和错误，并将其和改进意见一同记录下来。通过使用测试管理工具，测试用例可以被多个测试活动或阶段复用，可以输出测试分析报告和统计报表。有些测试管理工具可以更好地支持协同操作（指管理的不同环节、不同阶段、不同方面共同利用一资源），共享数据库，支持并行测试和记录，从而大大提高测试效率。并行测试就是把大规模的测试任务分解为一系列的子测试任务，并挖掘子测试任务间的并行性，通过子测试任务的合理并行执行来优化利用系统资源。

目前市场上有很多软件测试管理工具，不同的工具有不同的功能特点，以便能更好地适用于不同的项目。对于不同规模的企业而言，为了实现其利益的最大化，要选择一款合适的测试管理软件。目前国内市场上主流的测试管理工具主要有：TestManager、ClearQuest、ALM、TestCenter、TestLink、Mantis、Bugzilla 等。

13.2 常用测试管理工具

13.2.1 TestManager

TestManager 是原 Rational 系列产品（2002 年被 IBM 公司收购）。TestManager 是一个开放的可扩展的构架，它统一了所有的工具、制造和数据，而数据是由测试工作产生并与测试工作关联的。它相当于一个控制中心，跨越整个测试周期。基于该构架，测试工作中的所有负责人和参与者能够定义和提炼他们将要达到的质量目标。项目组定义用来实施的计划以符合那些质量目标。而且，它提供给整个项目组一个及时地在任何过程点上去判断系统状态的地方。

TestManager 也是一款强大的测试资源管理工具，包括测试用例管理、测试执行管理、测试脚本和报告管理等。它可以与 Robot 结合做性能测试，还可以与 RFT、RFP、CC、CQ 等集成使用。

质量保证专家可以使用 TestManager 去协调和跟踪他们的测试活动。测试人员使用 TestManager 去了解需要的工作是什么，以及这些工作需要的人和数据。测试人员也可以了解到，他们工作的范围是要受到开发过程中全局变化的影响的。TestManager 会提供与系统质量相关联的所有问题的答案。

13.2.2　ClearQuest

ClearQuest（CQ）是 IBM Rational 提供的缺陷跟踪及需求变更管理工具。在整个软件开发过程中，它为软件缺陷或功能特性等的任务记录提供跟踪管理，并且提供了查询定制功能和多种图表报表，每种查询都可以定制，以实现不同管理流程的需要。利用 ClearQuest，可以管理每一种与软件开发相关联的变更活动的类型，包括扩充需求、缺陷报告和文档修改。

ClearQuest 可以部署 CS、BS 两种架构模式。使用 CS 架构，客户端需要安装 ClearQuest 软件，服务端需要安装数据库管理系统。在 BS 模式下，除了需要构建数据库服务器，还需要构建一个 Web 服务器，这样用户就可以使用浏览器来登录并使用 ClearQuest 系统。ClearQuest 可以支持 SQL Server，SQL Anywhere，Oracle，Access，DB2 等多种数据库。

利用 TestManager，你可以直接从一个测试日志里提交缺陷到 ClearQuest 中。TestManager 自动地填充缺陷到 ClearQuest 里的一些区域，缺陷信息来源于测试日志。

13.2.3　Application Lifecycle Management(ALM)

惠普公司的应用程序生命周期管理系统（Application Lifecycle Management，ALM）是一个复杂的过程管理系统。说起这个系统就不得不提起 TestDirector（TD）与 Quality Center（QC）这两款工具。

TestDirector 是原 Mercury 公司的产品，后来该公司被惠普公司收购，经过对该软件的改良升级，惠普发布了 Quality Center 管理工具。现在仍有部分企业使用这两款工具，我们也分别简单介绍一下。

TestDirector 是业界第一个基于 Web 的测试管理解决方案，它可以在公司内部进行全球范围的测试协调。TestDirector 最大的优点就是安装简单，具有很好的易用性，资源占用也比较少。TestDirector 能够在独立的应用系统中提供需求管理功能，并且可以把测试需求管理、测试计划、测试日程控制、测试执行和错误跟踪等功能融为一体，仅在一个基于浏览器的应用中便可完成，因此极大地加速了测试的进程。TestDirector 采用 BS 架构，支持 Access、Sybase、SQL Server、Oracle 等多种数据库。

从 TD 到 QC，本质上没有很大的变化，QC 相比 TD 的改进是 QC 把 TD 转移到了 J2EE 平台上，重构了整个软件的开发。QC 可以组织和管理应用程序测试流程的所有阶段，包括指定测试需求、计划测试、执行测试和跟踪缺陷、创建报告和图表来监控测试流程等。相比于 TD，QC 的功能更加强大、使用范围更加广泛，但其安装、登录却相对比较烦琐，资源消耗也相对严重。

而 ALM 是 QC 的升级版工具。ALM 系统能管理应用程序的核心生命周期，从需求开始，贯穿整个开发过程，已不单单只是对测试活动的管理了。ALM 能够为所有测试个体提供基于 Web 的知识库，并为整个测试流程提供清晰的指导，能够在应用程序生命周期的每个阶段之间建立无缝集成和顺畅的信息流，支持对测试数据和覆盖范围的统计分析，提供应用程序生命周期每个时间点的进度和质量图。ALM 的安装和配置比较复杂，安装配备条件要求也很高。它需要在服务器系统中安装，可以在普通电脑中进行访问。ALM 比较适合用于大型企业项目。

13.2.4 TestCenter

TestCenter 是一款基于 BS 架构，面向测试流程和测试用例库的测试管理工具。它能够覆盖完整的测试过程，对测试计划、测试需求、测试构建、测试执行、测试分析、缺陷跟踪等进行管理。它能实现测试用例的标准化，即每个测试人员都能够理解并使用标准化后的测试用例，降低了测试用例对个人的依赖。TestCenter 提供测试用例复用，用例和脚本能够被复用，以保护测试人员的资产。提供可伸缩的测试执行框架，提供自动测试支持。提供测试数据管理，帮助用户统一管理测试数据，降低测试数据和测试脚本之间的耦合度。

以上介绍的几款工具都是收费的，下面介绍几款开源或免费的测试管理工具。

13.2.5 TestLink

TestLink 是一款开源免费的测试过程管理工具，用于进行测试过程中的管理。TestLink 采用 WAMP/LAMP 架构，也就是 Windows & Linux+Apache+MySQL+PHP，其页面采用 Web 方式，安装简单，使用方便且易上手。TestLink 可以将测试过程从测试需求、测试计划，到测试执行完整地管理起来，同时，它还提供了多种测试结果的统计和分析，使我们能够简单地开始测试工作和分析测试结果。TestLink 的具体功能分析将在下章做详细介绍。

TestLink 只是一款测试过程管理工具，不具有缺陷跟踪管理功能，但是 TestLink 提供了与多种缺陷管理系统管理的接口配置，目前支持的缺陷管理系统有 Jira、Bugzilla、Mantis。

13.2.6 Mantis

Mantis 的全称是 Mantis Bug Tracker，也称 MantisBT，是一个基于 PHP 技术的轻量级的

开源免费缺陷跟踪管理工具。Mantis 以 Web 操作的形式提供项目管理及缺陷跟踪服务，安装简单，易于操作，并且支持任何可运行 PHP 的平台，如 Windows、Linux、MacSolaris 等。Mantis 已经被翻译成 68 种语言，支持多个项目，可以为每个项目设置不同的用户访问级别，跟踪缺陷变更历史，同时具有报表生成功能，可通过电子邮件报告缺陷，方便用户监视软件缺陷。其在功能和实用性上足以满足中小型项目管理及跟踪，又因为不需支付任何费用，所以比较适合中小型企业使用。

13.2.7 Bugzilla

Bugzilla 也是一款开源免费的缺陷跟踪管理工具，它是专门为 UNIX 平台定制研发的，但在 Windows 平台下也可以使用。Bugzilla 可以管理软件开发中缺陷的提交、修复和关闭等。

Bugzilla 可以说是一个搜集缺陷的数据库。它可以让用户报告软件的缺陷，从而把它们转给合适的开发者。另外，Bugzilla 拥有强大的检索功能，用户可以通过 E-mail 公布缺陷变更，它还具有完备的产品分类方案、细致的安全策略以及安全的审核机制。

13.3 TestLink与Mantis的优越性

在 TestLink 测试管理过程中，一旦发现缺陷需要立即将其报告到缺陷管理系统。

对于目前市场上各种主流的软件测试管理工具，其中有些工具的功能很强大，集合了测试用例管理和缺陷管理，但是其中很多的工具都不是开源免费的，也不是采用 Web 页面的应用形式，而是需要另外安装客户端，页面过于单调和不友好，难以自定义使用。

对于小型企业来说，它们所需要的是一款免费且开源的、扩展性强、可以灵活运用的软件，不太需要太多强大功能。对于想练手的学生来说，开源免费是一个重要的条件，另外操作简单、容易上手的软件更适合学生阶段的学习。TestLink 作为测试管理工具，因其功能强大、操作简单易上手、使用极其广泛，可对测试需求跟踪、测试计划、测试用例、测试执行、缺陷报告等进行完整管理。Mantis 是一款 Web 缺陷管理工具，国内外使用也较多，使用起来也很简单。TestLink 和 Mantis 都是免费的开源工具，开发成本较低，灵活多变，可以根据不同的需求整合成独一无二的管理系统。

把 TestLink 和 Mantis 集成在一起，从而在测试的结果和数据与缺陷数据之间建立起联系。然后通过一些简单的步骤提取测试用例和缺陷两者之间有联系的结果，推进测试和研发水平的提高，有利于之后的测试用例的维护，特别是测试用例比较多的时候，可以更好地实现对测试用例复用性方面的维护和挑选。

TestLink与Mantis案例实战

14

本章将带领读者实践测试管理工具 TestLink 和 Mantis，学习工具的使用，以及加深对测试管理活动的认识。本章所使用的案例就是前面章节所介绍的系统。

14.1 TestLink的安装与配置

TestLink 采用 WAMP & LAMP 架构，在安装 TestLink 之前需要先搭建好相应的环境。环境的搭建可以通过下载一个一体环境包完成，XAMPP 就是这样一个环境包。XAMPP 是由 Apache、MySQL、PHP、PERL 等功能模块构成的一个功能强大的集成软件包，完全免费，易于安装和使用，支持 Windows、Linux 和 Mac OS X 等多种操作系统。

XAMPP 的安装很简单，选择好路径，一直选择"next"就可完成安装。XAMPP 软件的安装请读者自行完成。

XAMPP 安装好后，打开 XAMPP 的安装目录，找到"xampp_control.exe"文件并打开，启动 Apache 和 MySQL 两项。启动时可能会出现 Apache 或 MySQL 打开失败的情况，查看下方错误提示，若提示为端口问题，可能是端口 80 或 3306 被占用。解决方法为：对于端口被占用的情况，释放被占用的端口即可，也可以更改 Apache 的端口为 8080 或其他，MySQL 同理。在 cmd 中输入命令"netstat - ano"可以查看当前端口的占用情况，然后可以在任务管理器中结束相应的 PID，即可解除端口占用。

接下来就可以安装 TestLink。下载的 TestLink 软件包是 Linux 下的压缩方式 TestLink1.9.14.tar.gz，需要解压两次，得到 TestLink1.9.14 文件。将其重命名为 testlink，然后复制到 /xampp/htdocs/ 目录下。打开 XAMPP 面板，启动 Apache 和 MySQL，打开 IE 浏览器，输入"http://localhost: 端口号 /testlink"，此端口号是 XAMPP 中的 Apache 所占用的端口号。注意在使用 TestLink 时，要保证环境处于运行状态，能进入如图 14-1 所示的页面。

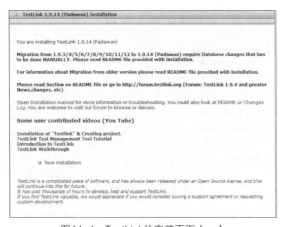

图14-1 TestLink的安装页面（一）

然后单击"New installation",出现如图 14-2 所示的页面。

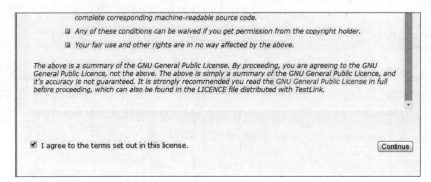

complete corresponding machine-readable source code.
- ☐ Any of these conditions can be waived if you get permission from the copyright holder.
- ☐ Your fair use and other rights are in no way affected by the above.

The above is a summary of the GNU General Public License. By proceeding, you are agreeing to the GNU General Public Licence, not the above. The above is simply a summary of the GNU General Public Licence, and it's accuracy is not guaranteed. It is strongly recommended you read the GNU General Public License in full before proceeding, which can also be found in the LICENCE file distributed with TestLink.

☑ I agree to the terms set out in this license.　　　　　　　　　　　　Continue

图14-2　TestLink的安装页面(二)

勾选"I agree to the terms set out in this license",单击"Continue"按钮,若环境已搭建成功,则会出现如图 14-3 所示的页面。

Read/write permissions

For security reasons we suggest that directories tagged with [S] on following messages, will be made UNREACHEABLE from browser.
Give a look to README file, section 'Installation & SECURITY' to understand how to change the defaults.

Checking if D:\XAMPP\htdocs\testlink\gui\templates_c directory exists	OK
Checking if D:\XAMPP\htdocs\testlink\gui\templates_c directory is writable (by user used to run webserver process)	OK
Checking if D:\XAMPP\htdocs\testlink\logs directory exists [S]	OK
Checking if D:\XAMPP\htdocs\testlink\logs directory is writable (by user used to run webserver process)	OK
Checking if D:\XAMPP\htdocs\testlink\upload_area directory exists [S]	OK
Checking if D:\XAMPP\htdocs\testlink\upload_area directory is writable (by user used to run webserver process)	OK

图14-3　TestLink安装成功页面

然后进入配置页面,如图 14-4 所示。

Database admin login　　root
Database admin password　　••••

This user requires permission to create databases and users on the Database Se These values are used only for this installation procedures, and is not saved.

Define database User for Testlink access:

TestLink DB login　　cui
TestLink DB password　　•••

图14-4　TestLink配置页面

"Database admin login"和"Database admin password"处需分别填写 MySQL 的用户名和密码,此时均为默认,即用户名为"root",密码为空。在"TestLink DB login"和"TestLink

DB password"处需分别填写为 TestLink 数据库设置的用户名和密码，用于创建一个存放 TestLink 数据的数据库，可以随意填写。然后单击"Process TeskLink Setup"按钮，进入如图 14-5 所示的页面。

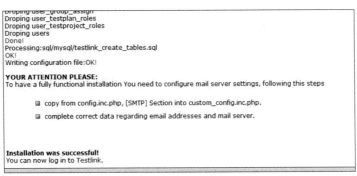

图14-5　配置成功页面

页面显示"Installation was successful！"，TestLink 配置成功。

安装成功后登录，在浏览器地址栏访问 http://localhost: 端口号 /testlink，前提是 XAMPP 处于运行状态。登录后也许会出现访问页面错误，错误提示如图 14-6 所示。

There are security warnings for your consideration. See details on file: D:\XAMPP\htdocs\testlink\logsconfig_check.txt. To disable any reference to these checkings, set $tlCfg->config_check_warning_mode = 'SILENT';

图14-6　错误提示

解决办法就是要对 TestLink 安装文件夹下的 config.inc.php 文件进行修改，修改内容为：将该文件中的" $tlCfg->config_check_warning_mode ＝'FILE'"修改为" $tlCfg->config_check_warning_mode ＝'SILENT'"。

这样设置后，就可以成功进入 TestLink 的主页了。在主页面上单击左上角的"My Settings"即图标" "，可以进入个人账号设置，在这里可以选择用户使用的语言。

14.2　TestLink功能分析

Testlink 的主要功能如下。

（1）测试项目管理。根据不同的项目管理不同的测试计划、测试用例等，测试构建之间相互独立。对于同一项目可以制定不同的测试计划，然后将相同的测试用例分配给该测试计划，可以实现测试用例的复用、筛选。

（2）测试需求管理。维护要测试的用户需求，便于与测试用例关联。通过超链接，可以将文本格式的需求同计划相关联。

（3）测试用例管理。可以基于关键字来搜索测试用例。可以将现有的测试用例简单修改后复用，实现用例的重用。测试用例可以和测试需求对应。通过树形结构维护一个产品或一个项目的测试用例，可增加、删除、导入、修改测试用例。通过测试用例与测试需求的联系，执行测试用例后，通过测试执行结果分析测试需求的覆盖度，了解目前的测试进度：有多少用例没有覆盖测试需求、多少测试需求没有测试通过、有多少测试需求还没有执行。

（4）测试计划管理。构建一个测试活动，明确要执行哪些测试用例，哪些用户可以执行哪些测试用例，定义测试用例的风险及优先权。测试计划中还可以包含于测试计划。测试可以根据优先级指派给测试员。可以指派测试计划的角色和测试产品的角色。用户的角色类型限定了用户的权限，TestLink 提供的角色如下。

- Admin：所有权限，包括用户管理、项目管理等权限。

- Leader：对测试需求、测试计划、测试用例的查看、创建、执行。

- Senior tester：查看、执行测试计划，查看、创建、执行测试用例。

- Tester：对测试计划和测试用例的查看、执行。

- Test designer：查看测试计划，查看、创建测试用例。

- Guest：查看测试计划、测试用例。

（5）测试执行管理。可设定执行测试的状态，有通过、失败、锁定、尚未执行 4 种状态。失败的测试用例可以和该软件集成的缺陷管理系统进行关联，实现缺陷的跟踪。每个测试用例执行的时候可以记录其相关说明。

（6）测试结果分析。通过测试执行结果，可了解目前的测试情况，评估测试工作风险。具体有：测试用例执行了百分之几、主要问题在哪些方面、哪些用例无法执行等。可以实现按照需求、按照测试计划、按照测试用例状态、按照版本来统计测试结果。对于测试结果的统计报告文档格式，TestLink 提供了以下几种。

- HTML：报告输出为网页形式。

- MS Excel：报告输出为 Microsoft Excel。

- OpenOffice Calc：报告输出为 OpenOffice Calc。

- OpenOffice Writer：报告输出为 OpenOffice Writer。

- HTML E-mail：报告以邮件形式发送到用户的邮箱。

- Charts：报告以图表的形式显示（Flash 技术）。

虽然 TestLink 功能很强大，但也存在一些功能上的缺陷。使用 TestLink 时，不能根据优先级筛选测试用例，也不能设定测试用例的种类，如果需要，必须通过关键字来实现，比较麻烦。如果测试用例需要大量的数据，那么会不太方便。还有就是 TestLink 没有缺陷管理功能，可以通过与其他缺陷管理工具集成来配合使用。本书就是将 TestLink 和 Mantis 进行了集成。

14.3 Mantis的安装与配置

Mantis 的安装也很简单。首先需要下载安装包。下载完成后解压，将文件重命名为 mantis，然后同 TestLink 一样，放在 xampp/htdocs/ 目录下。打开浏览器，访问 http://localhost: 端口号 /mantis/admin/install.php，出现安装页面。在安装页面需输入以下信息。

- Type of Database：MySQL。

- Hostname（for Database Server）: localhost。

- Username（for Database）: root。

- Password（for Database）: 空。

- Admin username（for Database）: 缺陷 tracker。

- Admin username（to create database if required）: root。

- Admin password（to create database if required）: 空。

最后，单击"Install ｜ Upgrade Database"进行安装。

安装完成后，打开浏览器，访问"http://localhost:8080/mantis/login_page.php"，进入登录页面，初始用户默认用户名为"administrator"，密码为"root"。登录后，用户可在"个人资料"部分完善或修改个人信息，并且可以在该功能项的"更改个人设置"中更改页面语言和时区。

Mantis 缺陷管理工具的功能概括来说就是跟踪管理缺陷，其具体功能的分析将和 Mantis 的使用结合来介绍，还请读者注意。

14.4 TestLink与Mantis集成

TestLink 软件测试管理系统缺少对软件缺陷的跟踪管理，为了更方便地对软件缺陷进行跟踪管理，可以把 TestLink 与 Mantis 进行集成使用。Testlink 与 Mantis 集成，使用时只是单纯的软件之间的调用，TestLink 系统既不能发送信息给 Mantis 系统，也不能从 Mantis 系统接收消息。TestLink 和 Mantis 系统之间所有的信息交流都是在数据库中完成的。

TestLink 与 Mantis 的集成操作起来也很简单，步骤如下。

在 TestLink 系统的首页，单击"System"模块的"Issue Tracker Management"，如图 14-7 所示。

图14-7　TestLink系统首页中的"System"模块

单击"创建"，进入配置页面，配置信息如图 14-8 所示。

Issue Tracker	mantis
Type	mantis (Interface: db) ▾ Show configuration example
Configuration	```<!-- Template mantisdbInterface -->
<issuetracker>
<dbhost>localhost</dbhost>
<dbname>bugtracker</dbname>
<dbtype>mysql</dbtype>
<dbuser>root</dbuser>
<dbpassword>root</dbpassword>
<uriview>http://localhost:8080/mantis/view.php?id=</uriview>
<uricreate>http://localhost:8080/mantis</uricreate>
</issuetracker>```
Configuration example	

图14-8　集成配置页面

保存后，检查配置是否成功。单击进入"System"模块的"Issue Tracker Management"，单击"🔧"图标，当在它的右侧出现一个黄色亮灯时，表明配置成功，TestLink 和 Mantis 集成成功，如图 14-9 所示。

⇕ Issue Tracker	⇕ Type
🔧 💡 mantis	mantis (Interface: db)

图14-9　配置成功页面

14.5 TestLink与Mantis实战

14.5.1 TestLink的使用

基于 TestLink 管理系统的管理流程，如图 14-10 所示。

图14-10 基于TestLink管理系统的管理流程

173

首先把环境运行起来，打开 XAMPP 控制面板，单击"Start"，运行 Apache 和 MySQL，如图 14-11 所示。

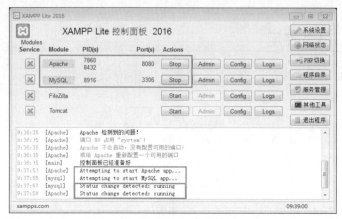

图14-11　XAMPP控制面板

然后，在浏览器地址栏中输入"http://localhost:8080/testlink"（此案例的 Tomcat 占用 8080 端口），进入 TestLink 登录页面，如图 14-12 所示。若是首次使用，可以单击页面中的 "New User？"进行注册。

图14-12　TestLink登录页面

1. 创建项目

TestLink 可以对多项目进行管理，但是只有拥有 admin 权限的用户可以创建项目。创建好项目后，测试人员就可以进行与测试需求、测试用例、测试计划等相关的工作。

如果用户是首次登录使用，登录后会直接进入"添加项目"页面，若不是首次登录，有 admin 权限的用户可以单击"产品管理"功能模块下的"测试项目管理"，在测试项目管理页面单击"创建"，就可进入创建项目页面，如图 14-13 所示。测试项目管理页面如图 14-14 所示。

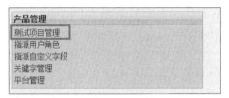

图14-13　TestLink功能模块图

图14-14　测试项目管理页面

在创建项目页面需要填写测试项目相关信息，如图 14-15 所示。

图14-15　创建测试项目页面

（1）"名称"：每个项目的名称必须唯一。

（2）"前缀（在测试用例标识中使用）"：这是一项必填项，在测试用例标识中使用。

（3）"项目描述"：对该项目的描述，在描述中可以添加源代码、超链接等。

（4）"增强功能"这个模块的功能项都是可选的，用户可根据实际项目需要选择需要启用的功能项。下面对部分选项产生的效果进行说明。

（1）"启用产品需求功能"：选中此项，那么在该测试项目的主页将会显示"产品需求"

功能模块，若不选，将不会显示此功能模块。

需要说明的是，TestLink 的功能主要显示为 7 个模块，如图 14-16 所示。但有时这些模块并不会全部显示，只有其中的"System""产品管理""测试用例"和"测试计划管理"4个模块是始终都会显示的。"产品需求"模块要在创建项目时勾选"启用产品需求功能"后才会显示，而"测试执行"和"测试用例集"是在填写了测试计划后才会显示。这种页面设计，需要的功能就显示，用不到的就不显示，简化了页面，方便使用。

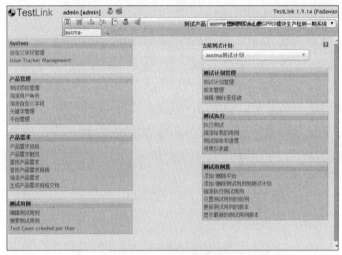

图14-16　TestLink主界面

（2）"启用测试优先级"：勾选该复选框后在主页的"测试用例集"模块会显示"设置测试用例的级别"功能项，如图 14-17 所示。否则是没有这项功能的。

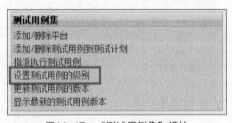

图14-17　"测试用例集"模块

（3）"启用测试自动化（API keys）"：若勾选该复选框，在创建测试用例时，会出现"测试方式"下拉选择框，包括手工和自动化两个选项；若不选，则不会出现下拉选择框，表示所有的测试用例都是手工执行类型。

（4）"启用设备管理"：若勾选该选框，在主页面的"产品管理"模块会显示"设备"功能项，如图 14-18 所示。

图14-18　"产品管理"模块

再往下看，有一个"Issue Tracker Integration"模块的选项，这是用来设置缺陷跟踪器的，在"Issue Tracker"下拉选项框中会有与 TestLink 集成的缺陷管理系统，从中选择需要的即可。对于复选框"活动的"，就是选择是否启用缺陷跟踪器。

另外，在页面下方的"可用性"模块中，也有一个复选框"活动的"，该复选框是指该项目是否处于进行时。需要说明的是，没有 admin 权限的用户只能在首页右上角的"测试项目"下拉选择框中看到活动的项目。对于非活动的测试项目，有 admin 权限的用户会在该下拉选择框中看到测试项目名称前面有"*"标识，如图 14-19 所示。

图14-19　测试项目名称前面的"*"标识

本书中使用的案例是一个监控系统，内容如下。

（1）项目名称：GPRS 模块生产检测一期系统。

（2）前缀：GPRS。

（3）项目描述：为了实时监控冷柜的状态，及时发现其出现的故障，提高用户的体验度，设计了该冷柜监控系统。各地的冷柜通过 GPRS 模块上传温度、故障、地址等信息后，冷柜管理系统会及时在页面显示出来，并可以显示以前的历史信息。该系统实现了多条件查询，能快速定位到相应的冷柜。同时该系统使用了高德地图的 API，会在地图上显示冷柜的地址。

（4）把图 14-15 中所有的复选框都勾选上，缺陷跟踪管理器选择"Mantis"。

保存后，在测试项目管理页面就会出现用户新建的测试项目，如图 14-20 所示。

若想修改项目的内容，可单击项目的名称进入项目管理页面进行修改。图 14-20 中显示了部分项目的内容，在创建项目时，不同的编辑会有不同的图标显示。灯泡呈亮黄色表示开启该项，否则灯泡为白色。若缺陷跟踪器为活动的，对应表格项中的小旗为绿色，否则为黄色，并在小旗下方显示选中的缺陷跟踪器。若项目是公共的，会在对应表格项中显示绿底白字对号图案，否则为空。

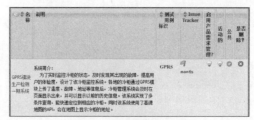

图14-20　项目管理页面

接下来要设置用户。在 TestLink 中，每个用户都可以维护自己的私有信息，admin 可以创建用户，但不能看到其他用户的密码。在用户信息中，需要设置电子邮件地址，这个是为了在用户忘记密码的情况下方便用户找回密码。

用管理员 admin 身份添加几个用户。在主页面单击"用户管理"，在"新增用户"页面单击"创建"进入"新增用户"选项卡添加用户信息（默认情况下用户管理页面中是不显示"新增用户"的），如图 14-21 所示。

图14-21　用户管理页面

在图 14-21 的页面中，在"查看角色"选项卡页面可以设置每种角色的权限。

创建的用户如图 14-22 所示，系统会给每个用户用不同颜色着色，便于区分查看。

图14-22　"查看用户"选项卡

2．创建需求

需求规格说明书是我们开展测试的依据。首先，我们可以对产品的需求规格说明书进行分解和整理，将其拆分为多个需求，一个产品可以包含多个需求，一个需求可以包含多个测试需求。

（1）创建测试需求规格

单击 TestLink 主页上"产品需求"模块中的"产品需求规格"，进入"产品需求规格"页面，单击左侧"GPRS 模块生产检测一期系统"，即刚刚新建的项目，接着单击"新建产品需求规格"，就可以新建产品需求规格了，如图 14-23 ～图 14-25 所示。

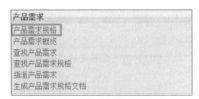

图14-23 "产品需求"模块

图14-24 "产品需求规格"页面

图14-25 "创建产品需求规格"页面

需求规格的创建内容比较简单，内容包括文档 ID、标题、范围、类型，范围即该需求包括的范围。创建两个测试需求规格，内容如表 14-1 所示。

表 14-1　需求规格列表

文档 ID	标题	范围	类型
001	页面测试	查询信息的显示；页面布局	用户需求规格
002	功能测试	信息上传；接收信息	系统需求规格

完成后，在页面左侧的多级列表中显示如图 14-26 所示的内容。

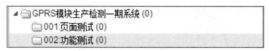

图14-26　项目多级列表

在该多级列表上方有一个过滤器，它的作用就是根据用户输入的信息，在下方的多级列表中查询出符合条件的信息。

（2）创建测试需求

单击多级列表中的"测试需求规格"，可查看需求规格的内容，其中"产品需求规格：页面测试"页面的内容如图 14-27 所示。创建需求的按钮在图 14-27 左上角框出位置，单击展开，如图 14-28 所示，在"产品需求操作"模块中单击"创建新产品需求"，就可进入创建测试需求页面，如图 14-29 所示。

图14-27　"产品需求规格：页面测试"页面

图14-28　需求规格菜单

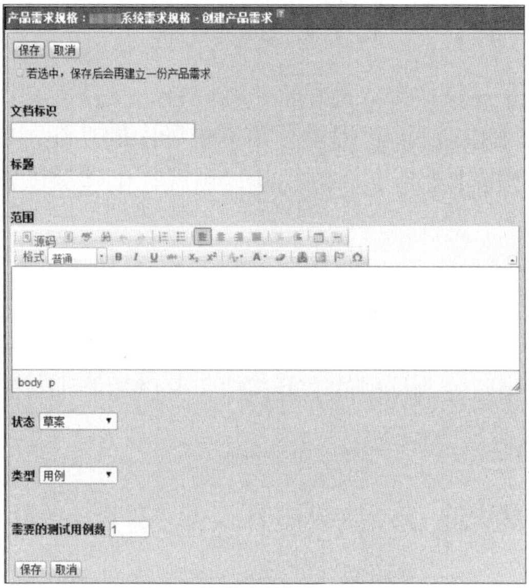

图14-29　创建测试需求页面

TestLink 提供了多种状态来管理需求：草案、审核、修正、完成、实施、有效的、不可测试的和过期。用户可根据项目进行情况进行修改。

在图 14-29 中，"需要的测试用例数"指该需求包含的测试需求总数。在进行结果统计时，有一种根据需求覆盖率进行统计的方式，在不是所有的需求都会被添加到 TestLink 中的情况下，用需求总数来评估需求覆盖率。其中的需求总数就是此处输入的数字。

我们在上述创建的需求规格下，创建 4 个需求，内容如表 14-2 所示。

表 14-2　需求列表

文档标识	标题	范围	需要的测试用例数
1-1	信息查询	信息的显示	3
1-2	页面布局	按钮的位置	1
2-1	信息上传	信息上传验证	10
2-2	接收信息	接收信息验证	10

181

完成后的多级列表如图 14-30 所示。

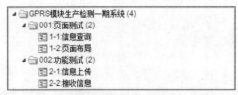

图14-30　项目多级列表

另外，TestLink 提供了从文件导入测试需求的功能，支持的文件类型有 csv 和 csv（door）、xml、DocBook 4 种。同时 TestLink 也提供了将需求导出的功能，支持的文件类型有 xml 和 csv 两种格式。TestLink 还提供上传文件的功能，可以在创建测试需求的时候为该需求附上相关的文档。

3．创建测试用例

TestLink 支持的测试用例的管理包含两层：测试用例集（Test Suites）、测试用例（Test Cases）。可以把测试用例集对应到项目的功能模块，测试用例则对应着具体的功能。

（1）创建测试用例集

单击"测试用例"模块中的"编辑测试用例"，进入如图 14-31 ～图 14-33 所示的页面。

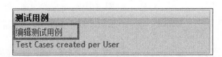

图14-31　"测试用例"模块

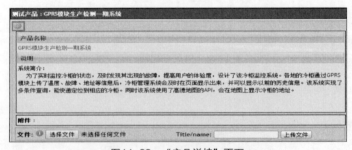

图14-32　"产品详情"页面

图14-33　产品菜单

按照图 14-33 所示的操作步骤新建测试用例集，进入新建测试用例集页面（如图 14-34 所示），填写信息，创建两个测试用例集。在该页面中，有一个"关键字"栏，先把该栏空着，后续会讲解 TestLink 中关键字的使用和管理。而且，即使现在读者想用，但也用不了，关键字的使用需要先设置关键字（参考本书中"关键字管理"部分）。

创建好后，页面如图 14-35 所示。此外，还可以在测试用例集下再创建一级测试用例集。

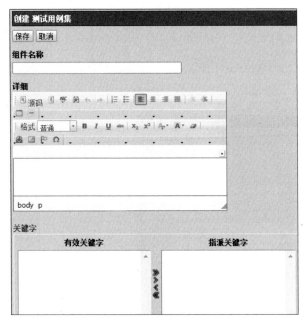

图14-34 创建测试用例集

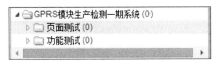

图14-35 创建好的测试用例集

（2）创建测试用例

单击刚刚创建的测试用例集，进行如图 14-36 所示的操作，进入创建测试用例页面。新建一个名为"页面测试"的测试用例。

创建测试用例页面中要求输入的内容包括：标题、摘要、前提、状态、重要性、关键字等。读者也许会发现，测试用例创建页面有些不合理，一般情况下，在创建测试用例时，会主要关注测试步骤和期望结果，然而该页面中都没有体现，这是 TestLink1.9.14 版本一个不好的地方。不过只要把测试用例描述清楚就达到目的了，具体看下面的案例操作。

表 14-3 为 Socket 端接收数据信息的一个测试用例，在创建测试用例时，将功能描述、用例目的、输入和期望输出写在摘要部分，将前提条件写在前提部分，然后重要性为高，测试方式为自动的，其他不做填写或修改，如图 14-37 所示。测试用例的编号规则为"功能模块首字母 + 编号"。

表 14-3　Socket 服务器端接收数据信息测试用例

用例编号	JSXX_002	
功能描述	测试 Socket 服务端接收数据信息	
用例目的	测试 Socket 服务端是否能够接收数据信息并进行转码，然后将转码后的信息正常存储在 MongoDB	
测试类型	功能测试	
前提条件	网络连接，产品 GPRS 模块工作并上传数据信息	
测试方法与步骤	输入	上传数据信息
	期望输出	存储到 MongoDB 中
测试结果		
功能完成	是□ 否□	

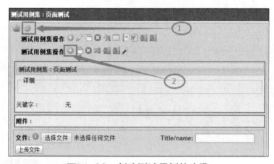

图14-36　创建测试用例的步骤

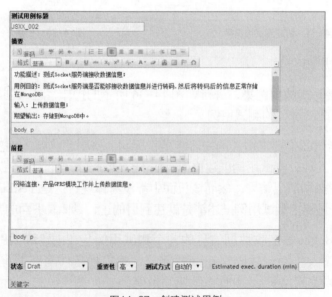

图14-37　创建测试用例

按此方法，在每个用例集下添加相应的测试用例，完成后，测试用例树如图 14-38 所示。

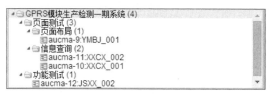

图14-38　测试用例树

注意，有些测试用例的步骤是相同的，可能变化的只是数据类型，在编写测试用例时，可以采用复制的方法来实现。如果多个分类下面的测试用例操作相同，只是数据类型或者字段名称不同，可以通过复制或移动测试用例的方法来减少测试用例的工作量。同时，也可以在创建测试用例时，在摘要中罗列不同的测试数据，然后执行相同的操作。

（3）建立测试用例和测试需求的覆盖关系

用户可以设置测试用例和需求规约之间的关系。这种关系可以是 1-0、1-1、1-n。就是说，一个测试用例可以被关联到零个、一个、多个测试需求，同样一个测试需求可以被关联到零个、一个、多个测试用例。这些关联模型可以帮助用户去研究测试用例对需求的覆盖情况，从而来验证测试的覆盖程度是否达到预期的结果。

单击主页中"需求"模块下的"指派产品需求"菜单，进入指派需求页面，在左侧的多级列表中选择一个测试用例，然后在右侧页面的"有效的产品需求"列表中选择要关联的测试需求，可选择多个，单击"指派"按钮即可进行指派。已关联的测试需求系统会将其加载到"已指派的产品需求"列表中。将测试用例"XXCX_002"关联到需求"1-1"，结果如图 14-39 所示。

图14-39　用例分配

完成指派操作后，单击顶部菜单栏中的产品需求菜单（如图 14-40 所示）进入产品需求规格页面，在多级列表中选择刚才关联到的需求"1-1：信息查询"，可查看需求的覆盖率，如图 14-41 所示。需求的覆盖率的计算方法如下：

需求覆盖率 = 测试用例数 ÷ 需要的测试用例数 ×100%。

此外，在"覆盖率"一栏中，有一个按钮"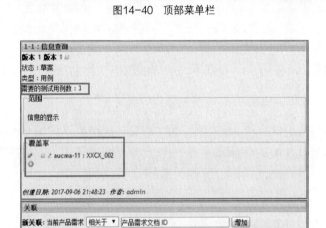"，在这里可以添加关联的测试用例。

图14-40　顶部菜单栏

图14-41　需求详情页面

4. 创建计划

单击主页中"测试计划管理"模块下的"测试计划管理"菜单，在出现的页面中，单击"创建"按钮，进入创建计划页面，如图 14-42 所示。

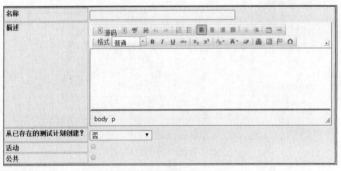

图14-42　创建计划页面

从页面中我们可以看到，测试计划的内容包括计划名称、计划描述以及是否从已存在的测试计划创建。其中，若选择从已存在的测试计划中创建，则新创建的测试计划就会包含与用户选择的已有测试计划相关联的信息，比如已有测试计划分配的测试用例等。如图14-43 所示，选择一个已存在的测试计划，页面中会出现与该测试计划相关联的内容，用户可以选择将哪些内容复制到当前正在创建的测试计划中。

图14-43　一个已存在的测试计划

测试计划的编写在前面章节中已有介绍，读者可翻阅前述测试文档的模板介绍部分来温习一下。

下面在 TestLink 系统中创建一个测试计划，命名为"GPRS 模块生产检测一期系统 – 测试计划"，然后将测试计划的内容录入到页面的描述中。测试计划的内容一般来说都比较多，为了减少工作量，可以只把测试计划的关键性信息录入，但至少应包括明确定义了时间范围和任务的测试计划进度，这是计划的根本内容。

5. 构造版本

测试计划完成后，就应该制定版本，如 ver1.0。如果在测试过程中发现缺陷，缺陷修改后版本变为 ver2.0。这时应该追加新的版本，接下来的未完成的测试都应该在新版本上完成。测试完成后可以统计在各个版本上测试了哪些用例，发现了哪些缺陷，修改了哪些缺陷。

单击主页"测试计划管理"模块下的"版本管理"，在出现的页面中单击"新建"，进入构建版本页面，如图 14-44 所示。在该页面中需要说明的是：若勾选"活动"，则表示该版本可用，否则该版本不会出现在用例执行和报告中；若是勾选"打开"，则表示该版本的测试结果可以被修改，否则测试结果无法被修改。

图14-44　构建版本页面

下面创建一个版本，标识: v1.0。描述: GPRS 模块生产检测一期系统，测试计划 1.0 版本。然后勾选所有选框，选择发布日期，单击"保存"，完成构建，如图 14-44 所示。

6. 创建里程碑

里程碑一般是项目中完成阶段性工作的标志，即将一个过程性的任务用一个结论性的标志来描述任务的明确的起止点。一个里程碑标识着上一个阶段的结束、下一个阶段的开始，也就是定义当前阶段完成的标准和下个新阶段启动的条件和前提。一系列的起止点就构成引导整个项目进程的里程碑（milestone）。创建一个里程碑，就是要明确一个测试阶段，在该阶段内的任务在目标日期前的完成度达到要求，它其实属于测试计划的一部分。

单击主页"测试计划管理"模块下的"编辑 / 删除里程碑"菜单，在新出现的页面中单击"创建"，进入创建里程碑页面。里程碑的内容主要包括：名称、起止时间、各优先级完成比例。

创建里程碑，名称为"功能测试完成"。日期是"2017-09-09"（即结束日期，注意时间的格式，也可以在页面中的日历中选择）。开始日期是（开始时间是选填项，注意开始日期和日期的时间先后）"2017-08-08"。在"A 优先级完成比例"框中填"100"（这里填 0 ~ 100 内的数字，不是百分数）。在"B 优先级完成比例"框中填"100"。在"C 优先级完成比例"框中填"100"。单击保存，完成创建，如图 14-45 所示。（注意，上述数据只是用来定义本书案例的里程碑，读者在创建自己的里程碑时，要用自己的数据。）

图14-45 编辑里程碑页面

7. 测试用例覆盖测试计划

所谓覆盖，就是添加到测试计划中或删除测试用例，实现测试用例对测试计划的覆盖。

（1）添加测试用例到测试计划

首先在主页"当前测试计划"下拉列表中选择刚刚创建的测试计划，如图 14-46 所示。单击"测试用例集"下的"添加删除测试用例到测试计划"菜单，在新的页面中，单击左侧多级列表中的一个测试用例集，在页面右侧可以看到该测试集下的所有测试用例，如图14-47 所示。

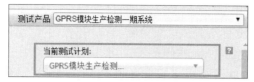

图14-46 选择刚刚创建的测试计划

在页面中选择该测试计划要执行的测试用例，然后单击"增加选择的测试用例"，可以将选择好的测试用例分配给该测试计划，如图 14-47 所示。添加成功的测试用例，会在如图 14-48 所示区域用不同底色来标识。

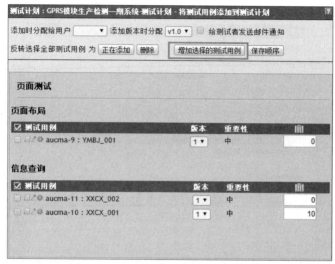

图14-47 添加测试用例到测试计划（一）

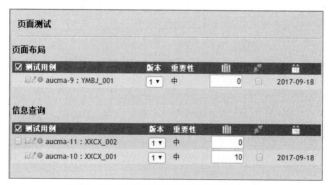

图14-48 添加测试用例到测试计划（二）

（2）删除测试用例

还是在上述页面中，选择一个已添加的测试用例，单击页面上方的"添加 / 删除选择的"

按钮，就可取消所选择的测试用例到测试计划的分配。可以发现，此时的"添加 / 删除选择的"按钮，取代了之前还没有给测试计划分配测试用例时的"添加选择的测试用例"按钮。这时，用户进行添加和删除操作就方便多了，可以在随意单击已添加的或者未添加的测试用例的同时进行删除和添加两个操作，只要一个"添加 / 删除选择的"按钮就可以完成。

8. 分配测试任务

在主页面中，单击"测试用例集"模块下的"指派执行测试用例的任务"，进入"指派测试用例的任务"页面（如图 14-49 所示），为当前的测试计划所包含的每个用例指定一个具体的执行人员。

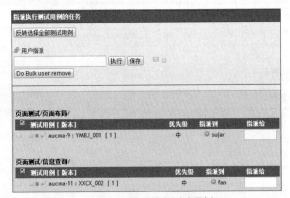

图14-49　指派执行测试用例

在左侧测试用例树中选择某个测试用例集或者测试用例，右侧页面会出现下拉列表让你选择用户。在某个测试用例后面的下拉列表中选择指派的用户，单击页面上方的"保存"按钮即可。还有一种批量指定的方法：在页面的上方，有一个选择用户的下拉列表，选择好用户后，选择页面下方测试用例，在其前面打钩，然后单击"执行"按钮，就能将多个测试用例指派给一个人执行。

一个测试用例可以指派多个用户，一个用户也可以执行多条测试用例。单击测试用例已指派用户前面的按钮"●"即可删除该用户的指派。

9. 执行测试与缺陷报告

执行测试中的"执行"是指测试计划中的测试用例的执行情况，并不是指执行这一动作，而该管理系统起到记录跟踪的作用。

单击首页横向导航栏的"　　"执行按钮，或者单击"测试执行"模块下的"执行测试"菜单，可进入执行测试页面。在页面左侧多级列表中选择一个测试用例，出现如图 14-50 所示页面（尚未执行状态）。在页面下方有一个"说明 / 描述"输入框，可以在这里输入执行的一些说明性情况，比如当测试用例结果为不通过时，应该说明不通过的原因，是程序缺陷，还是执行不当等原因，还有一个"结果"下拉列表，这两个输入都是需要我们执行完测试用例以后来填写的。其中，测试结果分 4 种情况。

- 通过：该测试用例通过。（测试结果保存后会在页面"最后执行（任何版本）"模块显示不同底色，如图 14-51 所示。）

- 失败：该测试用例没有执行成功，这个时候可能就要向 Mantis 提交缺陷了。

- 锁定：由于其他用例失败，导致此用例无法执行，被阻塞。

- 尚未执行：如果某个测试用例没有执行，则在最后的度量中将该测试用例标记为"尚未执行"。

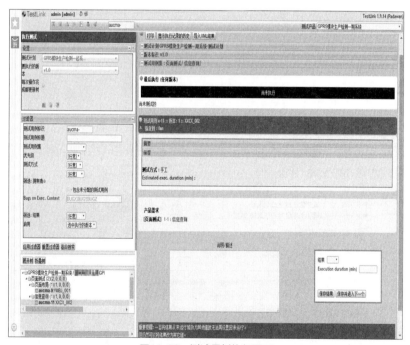

图14-50 测试用例执行页面

图14-51 测试用例执行结果

10．查看分析结果

TestLink 根据测试过程中记录的数据，提供了较为丰富的度量统计功能，可以直观地得到测试管理过程中需要进行分析和总结的数据。单击首页横向导航栏中的"▣"（结果）菜单或者"测试执行"模块下的"测试报告和进度"菜单，即可进入测试结果报告页面。在页面中 TestLink 的统计功能如图 14−52 所示。

图14−52　统计功能

总体测试计划进度：查看总体的测试情况，可以根据测试组件、测试用例拥有者、关键字进行查看，如图 14−53 所示。

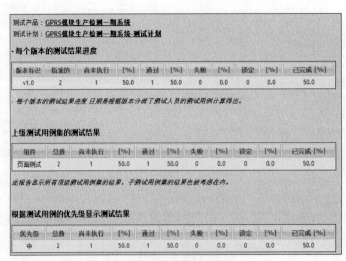

图14−53　总体测试计划

测试者的报告如图 14−54 所示。

图14-54　测试者的报告

TestLink 测试管理系统能够统计失败的、锁定的、未执行的和未分配的测试用例。如图 14-55 所示，统计的是尚未执行的测试用例。

图14-55　尚未执行的测试用例

单击"图表"，可以看到 TestLink 以图表的形式生成的报告，非常直观。这里主要是通过图表的形式来表示测试用例的执行情况，红色表示测试失败，蓝色表示锁定用例，绿色表示通过测试，黑色表示尚未执行。

TestLink 经常会遇到图表部分出现乱码，因为默认情况下图表不支持中文。解决办法为添加支持中文的字体即可（如幼圆、黑体）。步骤如下。

（1）进入 C:\windows\Fonts 目录，查找幼圆字体（SIMYOU.TTF）或者黑体（simhei.ttf）。

（2）将其复制到 D:\xampp\htdocs\testlink\third_party\pchart\Fonts，即 TestLink 的安装目录下的 third_party\pchart\Fonts 文件夹下。

（3）修改配置文件：D:\xampp\htdocs\testlink\config.inc.php。将字段

$tlCfg->charts_font_path = TL_ABS_PATH."third_party/pchart/Fonts/tahoma.ttf";

修改为

$tlCfg->charts_font_path = TL_ABS_PATH."third_party/pchart/Fonts/SIMYOU.TTF";

或

$tlCfg->charts_font_path = TL_ABS_PATH."third_party/pchart/Fonts/simhei.ttf";

（4）保存文件后，无须重启 XAMPP，刷新网页即可。

单击基于需求的报告，可以查看需求的覆盖情况，具体的度量有需求概况、通过的需求、错误的需求、锁定的需求和尚未执行的需求。

在图 14-56 中可以看到产品需求规格"页面测试"下的需求"信息查询"的覆盖率为 33.33%。覆盖率的计算方法前文已介绍过，在"信息查询"需求中，需要的测试用例数为 3，这里只执行通过了一个测试用例，所以覆盖率为：$1/3 \times 100\% = 33.33\%$。

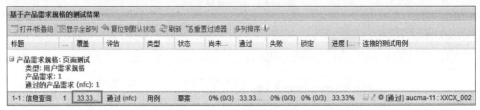

图14-56 "信息查询"的覆盖率

11. 关键字管理

关键字用于将不同模块下的同类测试用例归类在一起，以方便对测试用例事务进行查询、统计及重用。每一个项目都有一套属于自己的关键字集。

首先新建关键字。单击"产品管理"模块下的"关键字管理"菜单，在出现的页面中单击"新建关键字"按钮，进入添加关键字页面。添加几个关键字作为关键字集，如关键字"页面"和"功能"，分别描述为"页面测试"和"功能测试"。创建好后的页面如图 14-57 所示。

关键字	说明	是否删除？
上传	信息上传	✕
功能	功能测试	✕
显示	页面显示	✕
查询	信息查询	✕
页面	页面测试	✕

新建关键字　指派到测试用例　导入　导出

图14-57 关键字列表

通过单击图 14-57 中的"指派到测试用例"可以进入指派关键字页面，或者通过"测试用例"模块下的"指派关键字"菜单进入。在左边的多级列表中，选择一个测试用例或者测试用例集，例如单击测试用例集"页面测试"，出现如图 14-58 所示的页面，将左侧的关键字"页面"和"显示"右移到右侧就完成了指派。

建立好关键字后，就可以通过关键字过滤器来查询测试用例。在页面左侧过滤器中选择关键字"显示"，下方的多级列表会列出包含该关键字的全部测试用例，如图 14-59 所示。

图14-58 关键字指派

图14-59 过滤器

在 TestLink 中用到关键字过滤器的页面有：测试规约导航树、搜索测试用例、添加测试用例到测试计划、执行测试计划。

总结：TestLink 用于进行测试过程中的管理，通过使用 TestLink 提供的功能，我们可以将测试过程从测试需求、测试设计到测试执行完整地管理起来，同时，它还提供了很多种测试结果的统计和分析，使我们能够简单地开始测试工作和分析测试结果。

14.5.2 Mantis的使用

概括来说，Mantis 缺陷管理系统就做一件事情，就是跟踪缺陷。

与 TestLink 一样，要先运行 XAMPP，然后在浏览器地址栏中输入 "http://localhost:8080/mantis"，进入 Mantis 登录页面。登录后，Mantis 的页面如图 14-60 所示（在 Mantis 中缺陷被称为问题，下文有关 Mantis 的描述皆用 "问题" 指上文中的缺陷）。

图14-60 Mantis主页面

在主页面工具栏的下方有 5 个区，分别如下。

（1）未分派的：指问题已经报告，但还没有指定由哪个项目组成员进行跟进。

（2）已解决的：已经解决的问题列表。

（3）我监视的：指你正在监视的那些问题，在问题报告中，你被选为监视人。

（4）我报告的：你报告的问题列表。

（5）最近修改：最近被项目组成员修改的问题报告列表。

1. 项目管理

Mantis 支持多项目管理。

在主页面单击"管理 | 项目管理"，进入项目管理页面，如图 14-61 所示。页面中显示已创建的项目列表，单击"创建新项目"进入添加项目页面，如图 14-62 所示。将案例项目"GPRS 模块生产检测一期系统"添加至系统中。

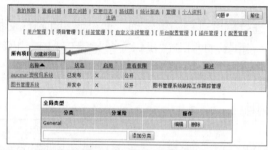

图14-61　项目管理页面

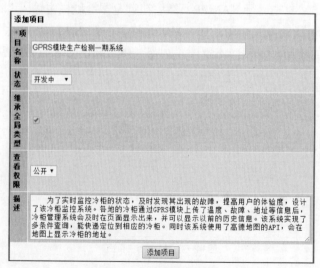

图14-62　添加项目页面

在添加项目页面中，可以设定新项目的当前状态。项目状态包括开发中、已发布、稳定、停止维护 4 种。

项目创建完成后，可以对项目进行相关配置。单击项目名称，即可进入项目配置页面。页面共分为 5 大功能块。

（1）子项目：在这里新建一个子项目并设定关联。

（2）分类：设定该项目的模块分类。

（3）版本：设定该项目的版本号。

（4）自定义字段：在"自定义字段管理"一栏中添加了自定义字段，必须在这里设定为该项目的，否则页面将不会显示。

（5）添加用户至项目：设定哪些用户有权访问该项目的内容。

案例项目配置如下。添加分类：功能测试和页面测试。设置版本为 v1.0。此外，自定义字段是从已定义的字段中选择并添加到该项目中，然后添加几个用户到项目中，这几个用户也是从已添加到系统中的用户中选择。（该部分请参看后文用户管理和自定义字段中的相关内容。）

2．问题录入

首先在主页面右上方选择要报告的问题所属的项目，然后单击"问题报告"，进入问题报告页面，如图 14-63 所示（部分）。在页面中有"*"表示的内容为必填内容。例如，在页面测试时，发现某个按钮的位置不合理，提交报告到该系统中，系统会通过电子邮件通知项目组的相关人员。提交完成后，显示如图 14-64 所示的页面，其实就是查看问题的页面。

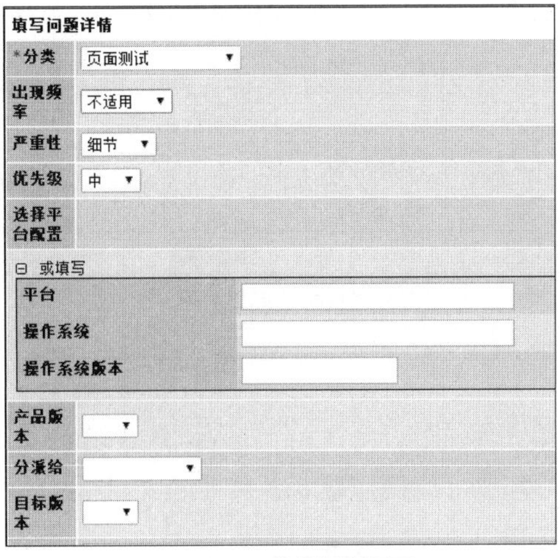

图14-63　编辑问题页面

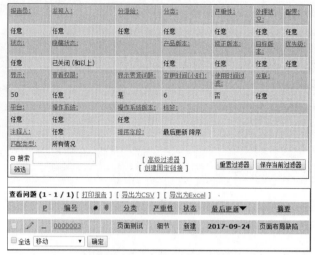

图14-64　问题详情页面

3.问题查询和关键词检索

单击工具栏中的"查看问题"就可进入查看页面，如图 14-65 所示。

页面上方是一个过滤器，用于筛选符合条件的问题报告，单击其中的一个选项，就会出现一个下拉框代替任意两个字，可以选择输入查找条件。输入完成后，单击"筛选"，就会在过滤器下方显示筛选结果。单击相应的记录就可以进行修改。另外，Mantis 也提供了通过不同颜色的底色来区分不同状态的问题报告，在页面的最下方有一个多彩栏供参考，一目了然。

在查看问题一栏上方，单击"打印报告"，可以选择性地将问题导出到 Excel 或 Word 文件中（如图 14-65 所示）。也可以通过预览功能在 IE 中显示，并可存为 HTML 文件。通过单击"导出为 CSV"和"导出为 Excel"，可以将问题导出为 CSV 文档和 Excel 文档。

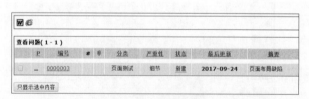

图14-65　问题列表

4.问题更新

在查找结果的列表上单击编号内容，就会进入问题的修改页面，如图 14-66 所示。在查看问题详情模块的下方，有几个操作按钮，具体功能如下。

（1）编辑：进入问题明细页面进行修改。

（2）分派给：将这个问题分派给哪个人员处理，一般只能选择有开发员权限的人员。

（3）状态改为：更改问题的状态，需要输入更改状态的理由。

（4）监视：单击后，所有和这个问题相关的改动都会通过 E-mail 发到监视用户的邮箱。

（5）创建子问题：建立一个问题的子项，这个子项报告的问题是依赖于这个问题存在的。

（6）移动：将这个问题转移到其他问题中。

图14-66　查看问题详情

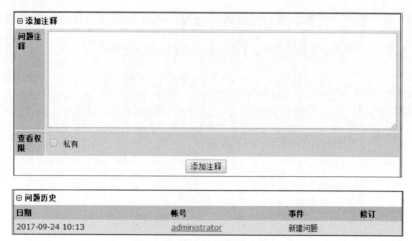

图14-66　查看问题详情（续）

5．个人显示和E-mail通知设定

每个用户可根据自身的工作特点只订阅相关缺陷状态邮件。在系统菜单中单击"个人资料"，进入用户个人设定页面，可以在该页面中修改用户密码和用户邮件地址。然后单击该页面中的"更改个人设置"，进入如图 14-67 所示的页面。在该页面中可以对不同的问题状态设定是否发送 E-mail 提醒，以及设定自己的系统界面语言和时区。

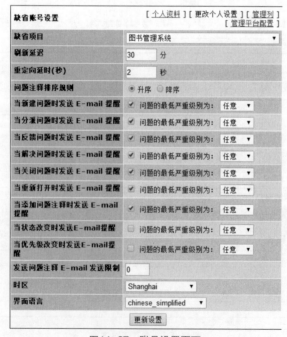

图14-67　账号设置页面

6. 报表统计

单击工具栏上的"统计报表"，页面会显示表格形式的问题统计，包括按问题状态、按严重性、按分类、按日期（天）、按优先级等，如图 14-68 所示。单击页面上方的"打印报告"，可将问题导出，与问题查询部分的"打印报告"功能相同。

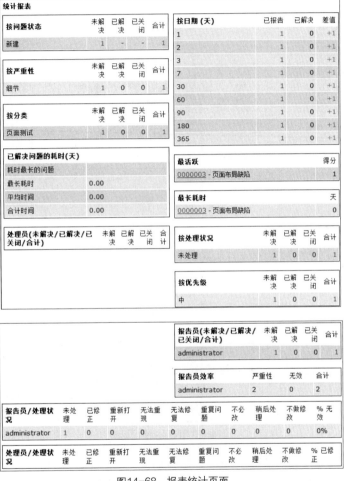

图14-68 报表统计页面

7. 用户管理

使用管理员身份进入系统，选择工具栏中的"管理 | 用户管理"，出现如图 14-69 所示的页面。在该页面上方有一个字母表，可以按用户 ID 的首字母来筛选用户。可以单击"创建新账号"来添加用户。单击用户 ID 可以进入修改用户权限和信息页面。在该页面可以进行删除用户、权限设置、重设密码、添加用户到项目、缺省账号设置。

用户权限包括：复查员、报告员、修改员、开发员、经理、管理员。重设密码将会以 E-mail 的形式发到用户登记的电子邮箱。只有当用户被添加到项目后，才有权限对特定的项目进行操作。缺省账号设置可以设定 E-mail 缺省时的提醒情况，还有报告时的缺省类型（高级报告或简单报告）。

图14-69　用户管理页面

8. 自定义字段

通过该功能，我们不但能使用 Mantis 预定好的字段，还可以添加自定义的字段，使项目、问题报告更详尽。

在"管理 | 自定义字段管理"菜单下的页面，如图 14-70 所示。

图14-70　自定义字段页面

在文本框里输入自定义字段的名称，单击后面的"新建自定义字段"按钮。添加完成后，系统提示"操作成功"，然后进入修改页面。在修改页面可以设定字段的类型、默认值、预设值、长度、权限等。

案例项目添加一个自定义字段"报告类型"，内容如图 14-71 所示。

修改自定义字段	
名称	报告类型
类型	枚举类型 ▼
可能取值	代码缺陷|需求问题|页面设计问题
默认值	代码缺陷
正则表达式	
读权限	复查员 ▼
写权限	修改员 ▼
最小长度	0
最大长度	20
添加到过滤器	✔

图14-71 "修改自定义字段"页面

14.5.3 TestLink与Mantis集成使用

在执行测试用例的过程中，一旦发现缺陷，需要立即将其报告到缺陷管理系统 Mantis 中。TestLink 和 Mantis 的缺陷报告要如何连接起来呢？这个操作很简单，就是把 Mantis 系统中的报告 ID 添加到 TestLink 中相关失败测试用例下即可。具体操作步骤如下。

在 TestLink 中有一个测试用例"aucma-11：XXCX_022"执行失败，执行测试用例结果页面如图 14-72 所示。然后提交缺陷报告到 Mantis 系统中，Mantis 系统会生成一个报告 ID，该测试缺陷报告如图 14-73 所示。

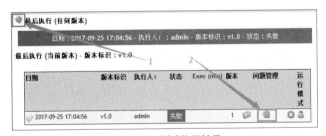

图14-72 测试执行结果

图14-73 缺陷报告项

单击图 14-72 中箭头 1 所指的按钮，就会进入到 Mantis 系统中"我的视图"页面。用户可以通过 TestLink 进入 Mantis 查看缺陷报告列表，如图 14-73 所示。单击图 14-72 中箭头 2 所指的按钮，会进入"添加问题"页面，如图 14-74 所示。在该页面中填入图

14-73 中的缺陷报告 ID 号，即 "0000004"，单击 "保存" 按钮，页面提示 "问题添加成功"，单击 "关闭" 按钮，然后刷新页面，TestLink 将显示从 Mantis 系统中获取的数据，页面显示如图 14-75 所示。

访问问题跟踪系统(报告、查看、修改问题)(mantis)

mantis (Interface: db) 问题编号

保存　关闭

图14-74　"添加问题"页面

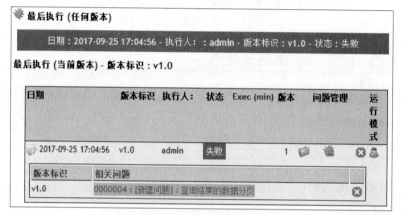

图14-75　测试执行页面